Edição do gen

Paris Roidos

Edição do genoma com o sistema CRISPR Cas9

ScienciaScripts

Cover image: www.ingimage.com

This book is a translation from the original published under ISBN 978-3-659-85170-4.

Publisher:
Sciencia Scripts
is a trademark of
Dodo Books Indian Ocean Ltd. and OmniScriptum S.R.L publishing group

120 High Road, East Finchley, London, N2 9ED, United Kingdom
Str. Armeneasca 28/1, office 1, Chisinau MD-2012, Republic of Moldova, Europe

ISBN: 978-620-8-34833-5

ÍNDICE DE CONTEÚDO

O melhor livro que alguma vez foi escrito está em nós e hoje em dia temos a oportunidade de o ler

(V.Utt, Estónia)

RESUMO

A engenharia do genoma está prestes a entrar na sua idade de ouro. Novos e excitantes instrumentos estão a surgir e a acumular-se no seu arsenal. Depois das TALENs e do Zing-finger, está a chegar uma nova ferramenta que vale a pena acrescentar. A mais recente adição é o sistema CRISPR. Um sistema que foi descoberto pela primeira vez no *Streptococcus thermophilus* e cujo papel natural é a imunidade adaptativa específica da sequência contra o ADN estranho nas bactérias.

No presente relatório, o sistema CRISPR Cas9, tipo II, é utilizado numa tentativa de anular o gene *HPRT1* expresso em linfócitos como prova de conceito. O meio HAT em combinação com tioguanina é utilizado como meio de seleção, permitindo um método de rastreio de leitura rápido e simples. Para verificar se a edição foi bem sucedida nas células de mamíferos, é utilizado um kit de deteção de clivagem do ADN em combinação com um ensaio enzimático.

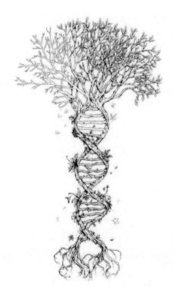

Lista de abreviaturas

CRISPR	Clustered respiratory interspaced short palindromic repeats
HGPRT	Hypoxanthine-guanine phosphoribosyl-transferase
DHFR	Dihydro folate reductase
ZFNs	Zinc-finger nuclease
TALENs	Transcription activator-like effector nuclease
PAM	Protospacer adjacent motif
pre-crRNA	Precursor-crRNA
crRNA	CRISPR RNA
sgRNA	Single guide RNA, also seen as gRNA
tracrRNA	Trans-activating crRNA
DSB	Double strand breaks
HR	Homologous Recombination
NHEJR	Non-homologous end Joining Recombination
NK cells	Natural Killer cells
HAT	Hypoxanthine-aminopterin-thymidine medium
TG	Thioguanine
FBS	Fetal Bovine Serum
LNS	Lesch-Nyhan Syndrome
HSC	Hematopoietic stem cells
BP	Base-pair
OFP	Orange fluorescent protein
LB	Lysogeny broth

Introdução

No presente relatório, a mais recente ferramenta de edição de genomas, CRISPR, é utilizada num estudo de prova de conceito. Células mononucleares brancas primárias são cultivadas e tratadas com CRISPR para eliminar o gene *HPRT1*. O sistema de repetições palindrómicas curtas agrupadas e interespaçadas é abreviado como CRISPR e é o novo avanço na edição do genoma. O sistema CRISPR Cas9 tipo II é o sistema mais utilizado até à data, uma vez que apresenta vantagens únicas em comparação com os outros dois tipos de sistemas. O gene *HPRT1* é responsável pela expressão da hipoxantina-guanina fosforibosil-transferase (HGPRT). Tal como o seu nome indica, é uma enzima transferase utilizada na via de recuperação das purinas para degradar o ADN e reintroduzir as purinas na via de síntese. A HGPRTase tem um papel importante na geração de nucleótidos de purina. As mutações no gene podem levar a hiperuricemia, sendo a doença mais conhecida a síndrome de Lesch-Nyhan.

Os linfócitos são glóbulos brancos que expressam o gene *HPRT1* em quantidades significativas. O meio de seleção HAT é utilizado para cultivar e selecionar apenas células HGPRT+. O meio HAT é constituído por hipoxantina, aminopterina e timidina. A aminopterina inibe a enzima (dihidrofolato redutase, DHFR) que é responsável pela síntese de ácidos nucleicos. Isto obriga as células a utilizar a via de salvamento como forma alternativa de crescimento, para a qual é essencial uma enzima HGPRT funcional. No meio HAT, apenas as células HGPRT+ sobrevivem e as células HGPRT- morrem. O HAT é utilizado como um meio de contra-seleção. As células HGPRT+ serão eliminadas com a utilização do sistema CRISPR Cas9 e a eficiência desta técnica é avaliada através da análise dos mutantes resistentes à 6-tioguanina (TG). A TG é um meio de seleção para células *HPRT* negativas. Por conseguinte, apenas as células knock out (*HPRT-*) sobreviverão e o número de células mutantes indica a eficiência da ferramenta CRISPR. Para melhorar as nossas observações, é utilizado um ensaio bioquímico rápido e premiado para monitorizar a atividade da HGPRTase e também um kit de deteção da clivagem do genoma para detetar a clivagem do locus específico do ADN genómico.

1. Edição do genoma

A engenharia do genoma está no início da sua idade de ouro. É descrita como a capacidade de modificar e manipular com precisão sequências de ADN em células vivas (Segal & Meckler, 2003). Está a emergir rapidamente uma nova era com novas técnicas capazes de manipular o genoma com um impacto ainda maior. A capacidade de inserir, remover ou mesmo editar sequências de ADN com facilidade e precisão tem atraído o interesse da comunidade científica numa vasta gama de áreas biotecnológicas, como a medicina, a energia e mesmo os estudos ambientais. Do ponto de vista médico, este domínio fascinante e emergente, em combinação com ensaios pré-clínicos e clínicos, pode potencialmente tratar várias doenças. As nucleases direccionáveis estão a preparar o caminho para esta área futura. As nucleases direccionáveis permitem aos cientistas direcionar e modificar, teoricamente, qualquer gene em qualquer organismo (Provasi, et al., 2012), (Takasu, et al., 2010). As nucleases são programadas com domínios de ligação ao ADN específicos do local e podem ter (i) um desempenho melhorado, (ii) uma montagem acelerada da nuclease e (iii) um custo significativamente mais baixo da edição do genoma (Perez-Pinera, Ousterout, & Gersbach, 2012).

O Prémio Nobel da Fisiologia ou Medicina de 2007 foi atribuído conjuntamente a Capecchi, Evans e Smithies pelas suas descobertas sobre a forma de introduzir modificações específicas no genoma de ratinhos. Antes de 2009, o único organismo utilizado para a seleção robusta do genoma era o ratinho e a levedura em brotamento.

As nucleases de dedo de zinco (ZFNs), as nucleases efectoras do tipo ativador da transcrição (TALENs) e as endonucleases de homing, também conhecidas como meganucleases, são as ferramentas utilizadas atualmente para a engenharia do genoma e podem também ser rotuladas como verdadeiras ferramentas de seleção. A mais recente adição a esta lista é uma nuclease bacteriana baseada no sistema Cas (Segal & Meckler, 2003) de repetições palindrómicas curtas espaçadas reguladoras agrupadas (CRIPSR). As duas primeiras ferramentas acima mencionadas utilizam nucleases que se ligam a proteínas modulares de ligação ao ADN para induzir quebras de cadeia dupla do ADN. O sistema CRISPR Cas9 utiliza uma nuclease que é guiada por um pequeno RNA de 20 nucleótidos através do emparelhamento de bases Watson - Crick para atingir o ADN (Ran A. , Hsu, Wright, Agarwala, Scott, & Zhang, 2013). O rápido crescimento do campo da edição de genomas resultou na disponibilidade de várias nucleases direcionadas comercialmente concebidas. No entanto, nenhum método é infalível e cada um deles tem as suas próprias vantagens e desvantagens. Em geral, as abordagens actuais para a engenharia do genoma são prejudicadas por (i) baixa eficiência e (ii) número limitado de tipos de células e organismos que podem ser alvo (Walsh & Hochedlinger, 2013).

A ferramenta ideal de edição de genomas deve cumprir os três critérios seguintes: (1) Ausência de mutação fora do alvo, (2) Montagem rápida e eficiente das nucleases, (3) Elevada frequência da sequência desejada na população celular alvo. A nuclease Cas9, as ZFNs e as TALENs são utilizadas para a edição do genoma através da estimulação de uma quebra de cadeia dupla no locus genómico alvo (Ran A. , Hsu, Wright, Agarwala, Scott, & Zhang, 2013). Quando o ADN se quebra numa cadeia dupla em eucariotas, é frequentemente reparado pela via de ligação não homóloga (NHEJ), propensa a erros. A quebra da dupla fita facilita a engenharia de mutações alvo, servindo de substrato para o mecanismo de reparação NHEJ (Walsh & Hochedlinger, 2013). Isto cria uma banda de indels no local da clivagem que pode ser detectada por eletroforese. A mutagénese NHEJ é normalmente utilizada como método para criar knockouts direcionados. Mais de 30 espécies e 150 genes e loci humanos foram eliminados através deste método (Segal & Meckler, 2003). Além disso, quando se visa uma sequência exónica, espera-se que 66% dos indels resultem em mutações de deslocamento de estrutura (Segal & Meckler, 2003).

1.1. Ferramentas de edição existentes

As nucleases de dedo de zinco utilizam aproximadamente um dedo de 30 aminoácidos que se dobra em torno de um ião de zinco para formar uma estrutura compacta que reconhece um ADN de 3 pares de bases. As repetições consecutivas dos dedos são capazes de reconhecer e atingir uma vasta área do ADN alvo. Antes de os dedos de zinco serem montados, são optimizados para reconhecer uma sequência específica de pares de 3 bases. No entanto, nem todos os sítios são acessíveis, o que significa que a posição do sítio alvo não é determinada pelos cientistas mas sim pela acessibilidade do ADN. Esta deficiência minimiza a aplicação da ferramenta de dedos de zinco, uma vez que os locais activos das enzimas e os polimorfismos de nucleótido único não podem ser visados (Segal & Meckler, 2003).

5

Nucleases alvo:

nuclease sintético concebido para atingir praticamente qualquer sítio do genoma com elevada precisão

Eliminação:

introdução de uma mutação que inativa completamente a função de um gene

Knock-in:

introdução de um novo gene

Genética inversa:

examina os fenótipos que resultam da mutação de um gene; em contraste, a genética direta examina os genes que estão na base de um fenótipo

Mecanismo de reparação do ADN:

Existem duas vias principais para reparar as quebras de dupla cadeia de ADN nos eucariotas.

São elas a junção de extremidades não homólogas (NHEJ) e a recombinação homóloga (HR) (Perez-Pinera, et al., 2012), (Segal, et al., 2003)

As TALENs foram descobertas pela primeira vez no final de 2009, quando o código de ligação TALE-DNA foi descoberto (Boch, Sholze, Schornack, Landgraf, & Hahn, 2009). Para as TALENs, foram desenvolvidas duas abordagens principais de alto rendimento. A segunda foi uma utilização inteligente das enzimas de restrição do tipo II, denominada "clonagem Golden Gate". A clonagem Golden Gate é um método de clonagem molecular que utiliza várias subunidades numa ordem concebida [3]. As enzimas de restrição do tipo II são capazes de se ligar num local e clivar no local adjacente. Isto dá a vantagem de conceber um sistema e ser capaz de prever onde cortar o ADN. Rapidamente, tornou-se óbvio que as TALENs tinham uma vantagem significativa sobre as nucleases Zing-finger. Quase todas as TALEN demonstram algum tipo de atividade no seu local alvo cromossómico e, em comparação com as ZFN, essa atividade é muito superior. Ambas as técnicas estão limitadas pela acessibilidade do sítio da cromatina, o que implica que nem todos os sítios podem ser abordados. No entanto, as TALEN têm um espetro mais alargado de sequências que podem ser alvo. Além disso, ambas as técnicas podem conduzir a potenciais sequências fora do alvo. No entanto, as TALENs têm menos probabilidades de não atingir o alvo, uma vez que as TALENs foram concebidas para reconhecer 30-36 pares de bases do sítio visado, enquanto as ZFNs foram concebidas para reconhecer 18-24 pares de bases (Segal & Meckler, 2003). Meganucleases é um termo utilizado para descrever as endonucleases de homing direccionáveis que são feitas à medida de um alvo específico. O sítio alvo que estas nucleases podem reconhecer é de aproximadamente 24 pares de bases.

2. Repetições Palindrómicas Curtas Interespaçadas Reguladoras Agrupadas

A investigação sobre os mecanismos de defesa das bactérias trouxe o CRISPR para a comunidade científica. A sigla CRISPR significa Clustered Regulatory Interspaced Short Palindromic Repeats (Repetições Palindrómicas Curtas Interespaçadas por Regulação Agrupada) e Segal et al descrevem-na como uma

6

ferramenta de eleição para gerar quebras de cadeia dupla específicas no ADN (Segal & Meckler, 2003).

Em *1987*, os primeiros sinais desta ferramenta espantosa foram encontrados quando uma equipa de investigadores observou uma sequência peculiar no final de um gene bacteriano.

Dez anos mais tarde, os biólogos continuaram a encontrar padrões estranhos semelhantes, em que uma sequência de ADN era seguida por aproximadamente 30 pb em sentido inverso, enquanto descodificavam genomas microbianos.

Este padrão continuou a aparecer e foi encontrado em 40% do genoma das bactérias e em mais de 90% dos micróbios.

Muitos investigadores partiram do princípio de que essas sequências eram ADN inútil, mas, em *2005*, três grupos de bioinformática diferentes referiram que esses ADN espaçadores correspondiam frequentemente a sequências obtidas a partir do genoma de fagos.

Em 2011, dois grupos, Barrangou e Doudna, estavam a investigar o sistema CRISPR. Martin Jinek, um pós-doutorado do grupo Doudna, foi um dos primeiros a descobrir e provar que o sistema CRISPR/Cas poderia ser simplificado numa única proteína, Cas9, que poderia ser combinada com um único RNA guia quimérico. (Pennisi, 2013)

Em 2007, a equipa da *Danisco*, uma empresa de ingredientes alimentares sediada em Copenhaga, descobriu uma forma de reforçar as defesas da bactéria que estavam a utilizar contra os fagos. *A S. thermophilus* é uma bactéria normalmente utilizada nas indústrias de lacticínios para fermentar o leite em iogurte e queijo. A equipa *da Danisco* expôs as bactérias a um fago e mostrou que as bactérias estavam de alguma forma vacinadas contra esse vírus (Pennisi, 2013), (Barrangou, et al., 2013). Este facto estabeleceu o papel natural do sistema CRISPR/Cas nas bactérias e na Acaea. O sistema fornece uma espécie de imunidade adaptativa contra ácidos nucleicos invasores, orientando as endonucleases para cortar uma sequência específica não hospedeira (Segal & Meckler, 2003). Isto protege as bactérias e os Achaea contra vírus e plasmídeos. Em suma, a imunidade baseia-se em pequenas moléculas de ARN que se fundem em complexos proteicos e que podem ter como alvo específico os ácidos nucleicos virais através do emparelhamento de bases. Em geral, a defesa CRISPR/Cas tem três etapas (Figura 1). Na primeira, o ADN viral injetado é descoberto e uma parte do seu ADN é inserida na matriz CRISPR do hospedeiro como um novo espaçador. Esta sequência é geralmente curta e tem cerca de 2-5 nucleótidos e é designada por protospacer adjacent motif (PAM). O segundo passo da resposta é a transcrição de um cluster CRISPR num longo precursor de CRRNA (pré-crRNA). A terceira e última etapa é a reação de interferência. O crRNA maduro é fundido com um complexo maior de proteínas Cas e utilizado para identificar e destruir o genoma viral (Richter, Randau, & Plagens, 2013).

7

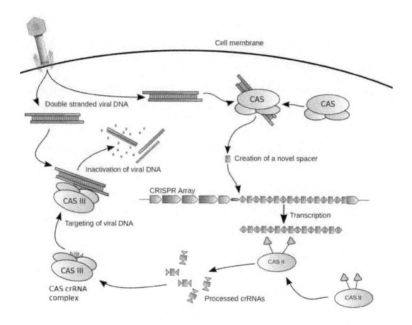

Figura 1: Papel natural do sistema CRISPR Cas em bactérias e Archaea por *James Atmos* 2009.

Três tipos diferentes de sistema CRISPR Cas (tipo I, II, III) foram encontrados na bactéria *S. thermophilus* (Figura 2) e todos eles demonstram o mesmo desenho arquitetónico (Barrangou, et al., 2013). O cluster CRISPR pode ser considerado como um elemento de ADN genómico cuja primeira parte consiste numa série de repetições curtas, geralmente de 24-37 pares de bases, separadas por uma sequência espaçadora exclusiva de comprimento semelhante. Estas sequências são as que conferem imunidade adaptativa às bactérias. Normalmente, são originárias de um genoma viral. A segunda parte do sistema CRISPR/Cas é a endonuclease Cas. Esta difere entre os diferentes tipos e cumpre a função de conferir imunidade às bactérias.

Os sistemas do tipo I e do tipo III utilizam a endonuclease Cas3 e Cas6 para clivar o pré-crRNA. No tipo I, o ADN que invade é reconhecido pelo complexo Cascade:crRNA. Um motivo PAM ajuda a identificar o ADN estranho e a nuclease Cas3 é utilizada para clivar o ADN alvo. O sistema do tipo III utiliza o nuclease Cas6, ao qual o crRNA se liga e reconhece o ADN ou ARN invasor. O sistema CRISPR/Cas de tipo II elabora a endonuclease Cas9. A enzima Cas9 é uma nuclease; uma proteína com a capacidade de cortar cadeias de ADN, e está equipada com dois locais de corte activos, um local para cada cadeia da dupla hélice do ADN (Richter, Randau, & Plagens, 2013). Uma grande quantidade de literatura estrutural já está disponível e tem sido importante para compreender a biologia estrutural do sistema CRISPR. Ela oferece uma grande quantidade de informações sobre os mecanismos e a evolução das proteínas que estão envolvidas (Reeks, Naismith, & White, 2013).

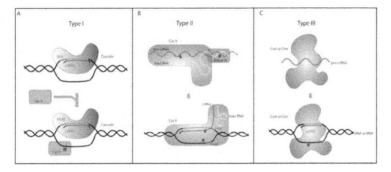

Figura 2: Três tipos diferentes de sistemas CRISPR/ Cas representando a etapa de interferência (Richter, Randau, & Plagens, 2013).

O sistema de tipo II utiliza um mecanismo completamente diferente que requer apenas a utilização da endonuclease Cas9 para clivar a sequência alvo. No sistema de tipo II, a Cas9 é expressa com mais dois ARN denominados crRNA (ARN CRISPR) e tracrRNA (ARN transactivo). Juntos, formam a endonuclease específica da sequência, que cliva sequências genéticas estranhas para proteger as células hospedeiras (Reeks, Naismith, & White, 2013). É induzida uma quebra de cadeia dupla, clivando o ADN num local que é complementar à sequência do ARN-guia. Para que o sistema do tipo II seja funcional, é necessária a endonuclease Cas9 e uma pequena sequência de RNA guia (Jinek, East, Cheng, Lin S, Ma, & Doudna, 2013).

Até à data, apenas o sistema do tipo II está disponível comercialmente e é amplamente utilizado para a edição do genoma. Existem diferenças entre os vários tipos de sistemas. Uma delas é a reação de interferência tanto do tipo I como do tipo III, que depende de complexos multiproteicos. Isto complica o sistema e torna-o difícil de otimizar. Outra diferença é que o tipo III não necessita de uma sequência PAM. Isto torna-o mais versátil, mas menos específico (Richter, Randau, & Plagens, 2013).

O CRISPR é uma nova ferramenta que foi recentemente incluída no conjunto de ferramentas com outras técnicas de edição do genoma. Até à data, apresenta vantagens que não podem ser negligenciadas. (i) Velocidade de montagem, (ii) eficiência do alvo, (iii) potencial de multi-alvo e (iv) baixos custos são algumas das muitas vantagens (Pennisi, 2013). A maior vantagem de todas é a (v) simplicidade do seu método. Até há pouco tempo, a engenharia do genoma exigia a produção de proteínas que tivessem o poder de reconhecer e de se ligar a um locus de ADN específico. Com esta endonuclease bacteriana, Cas9, apenas uma pequena sequência de RNA precisa de ser desenhada e pode ter como alvo quase todas as partes do DNA (Jinek, East, Cheng, Lin S, Ma, & Doudna, 2013).

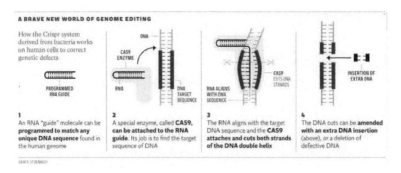

Figura 3: Sistema de edição do genoma CRISPR (Imagem de The Doudna Lab).

Em comparação com TALEN e ZNF, uma única proteína Cas9 pode ser redireccionada alterando a sequência de um único RNA guia (gRNA), o que torna o sistema muito fácil de utilizar (Richter, Randau, & Plagens, 2013). Um TALEN comum precisa de duas novas repetições de 1800 pares de bases para ser montado para cada novo sítio alvo, enquanto o sistema CRISPR/Cas

A eficácia e a facilidade de utilização que o CRISPR está a mostrar supera quase tudo, diz George Church, da Universidade de Harvard. O seu laboratório foi um dos primeiros a provar que esta técnica pode ser utilizada em células humanas (Pennisi, 2013).

requerem apenas 20 pb. Uma potencial fraqueza do CRISPR pode ser o facto de os 8 pares de bases mais afastados da sequência PAM, que é um motivo NGG, serem tolerantes a erros de correspondência de base única. Este facto pode levantar algumas preocupações relativamente à especificidade do sistema (Segal & Meckler, 2003). O passo limitante da tecnologia CRISPR é o nível de expressão do RNA e a montagem no sistema Cas9 (Jinek, East, Cheng, Lin S, Ma , & Doudna, 2013).

Até à data, todas as abordagens CRISPR registadas geraram quebras de cadeia dupla (DSB) na sequência alvo. Essas quebras podem ser reparadas por recombinação homóloga (HR) ou por união de extremidades não homólogas (NHEJ). A HR repara totalmente a quebra, uma vez que utiliza o alelo de tipo selvagem como modelo dador. No entanto, a NHEJ é um mecanismo que cria erros, que podem levar à inserção, deleção, mudança de estrutura e assim por diante (Richter, Randau, & Plagens, 2013).

2.1. Sistema CRISPR/ Cas9

O CRISPR refere-se ao sistema tipo II que foi descoberto pela primeira vez na bactéria *S. thermophilus*. Uma secção curta de nucleótidos, também designada por protospacer adjacent motif (PAM), é identificada pelo crRNA (Figura 4). Com a ajuda do tracrRNA, são provocadas quebras de cadeia dupla específicas da nuclease Cas9. Comercialmente, estes dois elementos de ARN são combinados numa única molécula quimérica denominada ARN-guia (ARNg) que permite a expressão simultânea juntamente com a proteína Cas9 (Walsh & Hochedlinger, 2013).

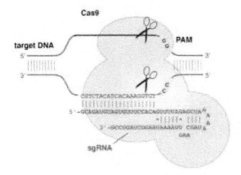

Figura 4: Sistema CRISPR/ Cas9 (Jinek, East, Cheng, Lin S, Ma , & Doudna, 2013)

A nuclease Cas9 está localizada desta forma e tem como alvo a sequência de ADN através de uma sequência guia de 20 nucleótidos (Ran F. , et al., 2013). Este guia curto utiliza a correspondência comum de emparelhamento de bases Watson Crick para identificar o locus genómico desejado. Além disso, esta sequência-guia pode tolerar uma certa quantidade de desfasamentos em relação ao ADN alvo, o que tem um inconveniente, uma vez que ocorre mutagénese fora do local indesejado (Walsh & Hochedlinger, 2013). Desta forma, o RNA guia quimérico pode dirigir a nuclease Cas9 para quase todos os locus genómicos que são seguidos por um motivo 5'-NGG PAM (Ran F. , et al., 2013). As quebras de cadeia dupla ocorridas a partir do CRISPR são preferencialmente reparadas pelo mecanismo NHEJ. Como já foi explicado, o NHEJ é um mecanismo propenso a erros que ajuda a introduzir inserções, deleções ou até mesmo mudanças de quadro em células de mamíferos. Um outro facto interessante sobre o CRISPR é a capacidade de multiplexagem. Foi observada a geração de até cinco mutações com um único evento de transfecção (Walsh & Hochedlinger, 2013).

3. Gene *HPRT1*

HGPRT [E.C. 2.4.2.8.] é a abreviatura de hipoxantina-guanina fosforibosiltransferase, que é a enzima codificada pelo gene *HPRT1* (Caskey & Kruh, 1979). O gene da hipoxantina fosforibosil transferase (*HPRT*) está localizado no braço longo do cromossoma X das células de mamíferos, na posição Xq26-Xq2.7, e é geralmente utilizado como modelo genético para investigar possíveis mutações em várias linhas celulares de mamíferos (Parry & Parry, 2012). *O HPRT* é constituído por 44 kb de ADN e está distribuído por 9 exões, como se pode ver na Figura 5.

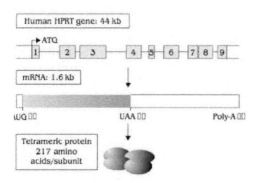

Figura 5: Biologia molecular da HGPRTase (Nyhan, 2007)

O gene é copiado para o ARNm, que tem 1,6 kb de comprimento. A proteína é um tetrâmero e cada subunidade é constituída por 217 aminoácidos (Yamada, Nomura, Yamada, & Wakamatsu, 2007). É herdada como um gene ligado ao X, pelo que os homens são geralmente afectados, ao passo que as mulheres são portadoras heterozigóticas e, normalmente, são assintomáticas. Até à data, foram identificadas mais de 300 mutações associadas à doença no gene *HPRT1* (Nyhan, 2007). O diagnóstico baseia-se em achados clínicos, mas também em testes enzimáticos e moleculares (Torres & Puig, 2007). O locus *HPRT* situa-se no cromossoma X, pelo que apenas as linhas celulares primárias masculinas podem ser convenientemente estudadas para detetar efeitos mutagénicos. Como o seu nome sugere, a HGPRT é uma transferase que catalisa a conversão de hipoxantina em inosina monofosfato (IMP) e também de guanina em guanosina monofosfato (GMP), como se pode ver na Figura 6 (Nyhan, 2007). A HGPRTase é ativamente expressa no citoplasma de todas as células do corpo, sendo os níveis mais elevados encontrados nos gânglios basais (Nyhan, 2007). A HGPRT é uma enzima de recuperação da purina, que transfere um grupo 5-fosforibosilo do 5-fosforibosilo 1-pirofosfato (PRPP) para a purina. Por exemplo, a HGPRT catalisa a reação entre a guanina e o fosforibosil pirofosfato (PRPP) para formar GMP (Figura 6 e Figura 7). Por outras palavras, converte as bases purínicas pré-formadas nos respectivos nucleótidos (Caskey & Kruh, 1979). A HGPRT tem um papel central durante a geração de nucleótidos de purina através da via de recuperação da purina (Torres & Puig, 2007). A HGPRT lida principalmente com purinas provenientes da via de recuperação que ocorre a partir da degradação do ADN e as purinas são reintroduzidas nas vias de síntese das purinas desta forma (Figura 6).

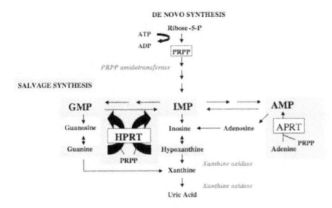

Figura 6: Esquema metabólico do metabolismo das purinas (Torres & Puig, 2007).

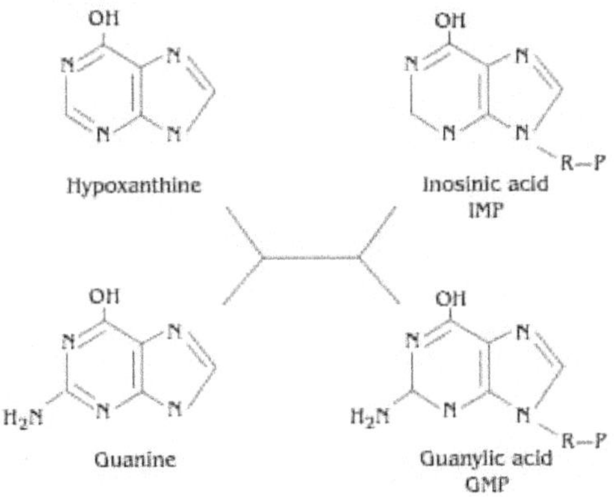

OH

Hypoxanthine

OH

Inosinic acid
IMP
R—P

OH

H₂N

Guanine

OH

H₂N

Guanylic acid
GMP
R—P

Figura 7: Reacções catalisadas pela HPRTase (Nyhan, 2007).

A via de salvação é uma via metabólica que ajuda as células dos mamíferos a obter precursores para a síntese e reparação do ADN. Mais especificamente, refere-se à via a partir da qual as purinas e as pirimidinas são sintetizadas como intermediárias da via degradativa dos nucleótidos. Por outras palavras, a via de salvamento recupera e reintroduz bases durante a degradação do ADN e do ARN (Camara, et al., 2013).

Foi desenvolvido um ensaio de leitura selectiva (ver secção 3.3) em que os mutantes *HPRT-* podem ser vistos como colónias viáveis quando as mutações destroem a funcionalidade do gene *HPRT*. Esta metodologia *HPRT* ajuda a identificar a seleção positiva, quando as mutações destroem a funcionalidade do gene *HPRT*; uma vez que os mutantes *HPRT-* podem realmente ser vistos como colónias viáveis (Parry & Parry, 2012). Há três benefícios principais para tornar o ensaio de mutação do gene *HPRT* amplamente utilizado. (i) O gene alvo está codificado no cromossoma X dos mamíferos, o que facilita a seleção de mutantes com perda de função em células derivadas de machos. (ii) Existem sistemas simples e eficientes para provar a perda de função com

13

células que sobrevivem na presença de 6-tioguanina (6- TG). (iii) O gene *HPRT* é conservado entre várias linhas celulares e pode ser facilmente comparado entre outras células animais e humanas (Parry & Parry, 2012).

3.1. A deficiência da atividade da hipoxantina-guanina fosforibosiltransferase (HGPRT) está geralmente associada ao metabolismo das purinas e pode levar a um aumento da excreção do produto de degradação ácido úrico e a uma vasta gama de perturbações neurológicas que dependem do nível de insuficiência da enzima (Nyhan, 2007). Observou-se que uma parte da população masculina com uma deficiência parcial de HGPRT apresenta níveis mais elevados de ácido úrico no sangue. A produção excessiva de ácido úrico desencadeia o desenvolvimento de artrite gotosa e a formação de

Estima-se que a deficiência *de HPRT* seja de 1/380.000 nados vivos no Canadá e de 1/235.000 nados vivos em Espanha. A síndrome de Lesch-Nyhan afecta mais de 380.000 nados-vivos todos os anos. O estudante de medicina Michael Lesch e o seu mentor, o pediatra William Nyhan, foram os primeiros a descobrir e a caraterizar clinicamente a síndrome. O seu trabalho de investigação foi publicado em 1964 (Torres, et al., 2007).

cálculos de ácido úrico no trato urinário (Torres & Puig, 2007). Os doentes com deficiência parcial da enzima HGRPT apresentam sintomas de diferentes intensidades. A HGPRT está associada a dois itens OMIM, OMIM 300322 e OMIM 300323, causados por mutações que ocorrem no locus *HPRT*. A síndrome de Lesch-Nyhan (LNS, OMIM 300322) tem a ineficiência mais grave da atividade enzimática e é causada por mutações que ocorrem no locus *HPRT*. A outra patologia associada à deficiência de HGPRT é designada por síndrome de Kelley-Seegmiller (OMIM 300323) e corresponde a uma deficiência parcial da enzima. Os doentes apresentam algum grau de associação neurológica, mas não tão grave como a SNL (Torres & Puig, 2007).

3.2. Síndrome de Lesch-Nyhan

A deficiência da enzima hipoxantina-guanina fosforibosiltransferase (HGPRT) provoca uma doença hereditária rara que se estende a síndromes como a síndrome de Lesch-Nyhan (LNS) ou a síndrome de Kelley-Seegmiller (Gemmis, et al., 2010). A deficiência da enzima HGPRT pode ocorrer como consequência de uma mutação no gene *HPRT1*. A deficiência mais grave na *HPRT* e a doença mais comum do metabolismo das purinas é a síndrome de Lesch-Nyhan. Quando a HGPRT está parcialmente desactivada, permite a acumulação de ácido úrico em todos os fluidos corporais e resulta em hiperuricemia e hiperuricosúria (associadas a graves problemas renais e gota). Do ponto de vista neurológico, foi observada uma redução do controlo muscular e uma incapacidade intelectual adequada nos doentes (Nyhan, 2007). A insuficiência da HGPRT pode resultar numa má utilização da vitamina B12, o que pode levar ao desenvolvimento de anemia megaloblástica nos rapazes. A maioria, mas não todos, os doentes com esta deficiência têm graves problemas físicos e mentais ao longo de toda a sua vida.

A síndrome de Lesch-Nyhan (LNS) é uma doença hereditária congénita ligada ao X (Figura 8) ou, por outras palavras, o gene *HPRT* é um locus ligado ao sexo. Afecta o desenvolvimento dos bebés durante os primeiros 4 a 6 meses (Nyhan, 2007). A forma clássica da doença é uma deficiência completa da enzima HGPRT e os doentes parecem ter défice cognitivo, espasticidade, distonia, comportamentos autolesivos e também

14

concentrações aumentadas de ácido úrico no sangue e na urina que podem levar a nefropatia, cálculos do trato urinário e gota tofácea. A caraterística mais distintiva de todas é o comportamento agressivo e autolesivo. Os doentes com este tipo de fenótipo nunca aprendem a manter-se de pé sem ajuda ou a andar normalmente (Nyhan, 2007). Os indivíduos afectados são predominantemente homens hemizigóticos, enquanto as mulheres heterozigóticas são geralmente portadoras assintomáticas.

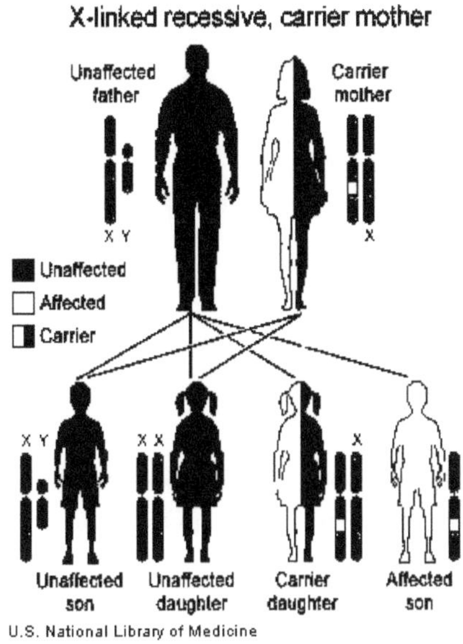

Figura 8: Doença hereditária ligada ao X (Esta imagem é uma obra do National Institutes of Health).

Durante a divisão celular, ocorre a formação do ADN e os nucleótidos são essenciais. A adenina e a guanina são bases purinas e a timidina e a citosina são bases pirimidinas. Todas elas estão ligadas à desoxirribose e ao fosfato. Normalmente, os nucleótidos são sintetizados a partir de aminoácidos.

No entanto, uma pequena parte é reciclada a partir do ADN degradado das células destruídas. Esta via é designada por via de recuperação. A HGPRT é uma enzima da via de recuperação das purinas. Canaliza a hipoxantina e a guanina de volta para a síntese de ADN. A deficiência desta enzima tem dois resultados principais. Em primeiro lugar, os produtos de degradação celular não podem ser reutilizados, pelo que são degradados.

Este facto aumenta o nível de ácido úrico, um produto de degradação das purinas. O segundo resultado é que a via de novo é estimulada devido a um excesso de PRPP (5-fosfo-D-ribosil-1-pirofosfato ou simplesmente fosforibosil-pirofosfato).

Estas fêmeas têm uma cópia não afetada do gene HPRT que impede o desenvolvimento da doença. A mutação genética é transportada pela mãe e transmitida ao seu filho. O pai de um homem afetado não pode ter transmitido a doença e não é portador do alelo mutante (Gemmis, et al., 2010). No entanto, num terço de todos

15

os casos que foram examinados de novas mutações, parece não haver qualquer registo de história familiar. O gene *HPRT1* codifica a enzima hipoxantina-guanina fosforibosiltransferase (HGPRT, EC 2.4.2.8) (Gemmis, et al., 2010). A enzima HGPRT está envolvida nas vias bioquímicas que o organismo utiliza para produzir purinas, um dos compostos do ADN e do ARN. Existe um grande número de mutações da *HPRT* conhecidas (Gemmis, et al., 2010), (Nyhan, 2007). Normalmente, as mutações que diminuem ligeiramente a funcionalidade da enzima não causam síndromes graves como a SNL, mas produzem uma forma mais ligeira da doença. Parece que existe um ponto quente localizado no exão 3, onde foram encontradas mutações em 25,7% das famílias. Os exões 1, 4 e 9 foram implicados em mutações de deleção que desenvolvem a doença. O aminoácido arginina 51 parece ser um ponto quente para mutações no gene *HPRT1* (Gemmis, et al., 2010). Também foram registados dez locais de mutação que resultaram na perda do exão 7 do cDNA. A equipa de investigação comentou que as sequências de bases que flanqueiam o exão 7 podem ter causado a mutação que provocou os erros de splicing (O'Neill, Rogan, Cariello, & Nicklas, 1998).

3.3. Aplicação

Os linfócitos B expressam a enzima que lhes permite sobreviver quando fundidos com células de mieloma quando crescem em meio HAT para produzir anticorpos monoclonais. As células de hibridoma produzem os anticorpos monoclonais. Um antigénio específico é injetado num mamífero e obtém-se a produção de anticorpos a partir do baço do rato. Se as células do baço forem misturadas com células imunes imortalizadas cancerígenas, obtém-se células de mieloma. Estas células híbridas são depois clonadas para produzir clones-filhas idênticos. A partir desses clones-filhas é segregado o produto de anticorpo desejado. Para selecionar os hibridomas, é utilizado o meio HAT. O meio HAT é constituído por hipoxantina, aminopterina e timidina. A aminopterina inibe a enzima dihidrofolato redutase (DHFR), necessária para a síntese de *novo* dos ácidos nucleicos. A célula não tem outra forma de sobreviver senão utilizar a via de recuperação como alternativa. A via de recuperação necessita de HGPRT funcional. Em meio HAT, as linhas celulares HGPRT- morrerão, uma vez que não são capazes de sintetizar ácidos nucleicos a partir da via de recuperação. Apenas as linhas celulares HGPRT+, que são as células de hibridoma e as células plasmáticas, sobreviverão na presença de aminopterina. As células plasmáticas acabarão por morrer, uma vez que não são linhas celulares imortais, mas as células de hibridoma que são imortalizadas sobreviverão. Essas células de hibridoma serão clonadas para produzir clones-filhas idênticos que segregam o produto do anticorpo monoclonal.

O hibridoma é uma tecnologia que se refere à produção de linhas celulares híbridas, ou seja, hibridomas. Isto é feito através da fusão de um linfócito B específico produtor de anticorpos com uma célula B cancerosa que é selecionada pela sua capacidade de crescer em cultura de tecidos e pela ausência de síntese de cadeias de anticorpos. Os anticorpos produzidos têm todos a mesma especificidade única e, por isso, são designados anticorpos monoclonais.

4. Linfócitos

Na última década, o interesse pelo desenvolvimento das células B foi revitalizado. Os eventos moleculares e celulares que dirigem o desenvolvimento dos linfócitos B são objeto de intenso estudo (Galloway, Ray, & Malhotra, 2003), (Youinou, 2007). Os linfócitos B desempenham um papel no desenvolvimento, regulação e

16

ativação da arquitetura linfoide. As células B pertencem a um grupo de glóbulos brancos conhecido como linfócitos. São uma parte vital do sistema imunitário. As células B derivam de células estaminais hematopoiéticas (HSC) na medula óssea, onde passam por um conjunto de fases sequenciais para amadurecerem. Os segmentos genéticos V, D e J do locus da cadeia pesada de Ig, reorganizam-se e produzem a diversidade substancial do recetor BCR. As células pró-B reorganizaram produtivamente os seus genes Ig e passam para a fase de células pré-B (Figura 9). Esta fase, em que as células B saem da medula óssea, é também designada por linfócitos B imaturos e migram para a periferia até chegarem ao baço, onde se irão desenvolver e amadurecer (Youinou, 2007), (Carsetti, 2004). O tempo de vida de uma célula é definido como a diferença de tempo entre a sua geração e a sua morte. As experiências sobre o tempo de vida das células B fornecem estimativas diferentes, mas, em geral, verificou-se que o tempo de vida excede várias semanas (Forster, 2004). As células B podem ser distinguidas de outros linfócitos, como as células T e as células assassinas naturais (células NK). A presença de uma proteína única na superfície externa das células B, também conhecida como recetor de antigénio de células B (BCR), é uma caraterística distintiva.

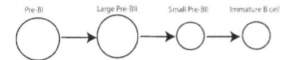

Figura 9: Esquema da diferenciação das células B na medula óssea (Rolink, 2004).

O recetor de antigénio das células B (BCR) é uma proteína recetora especializada que tem um papel central no desenvolvimento e na funcionalidade dos linfócitos B. Permite que uma célula B se ligue a um antigénio específico, interaja com ele e molde o seu futuro (Galloway, Ray & Malhotra, 2003). Permite que uma célula B se ligue a um antigénio específico, interaja com ele e molde o seu futuro (Galloway, Ray, & Malhotra, 2003). As células humanas estão facilmente disponíveis e foram efectuados estudos que demonstraram que a metodologia do teste *HPRT* consegue identificar mutações como o knock-out em linhas celulares (Parry & Parry, 2012). É possível restaurar a integridade do locus *HPRT* com a utilização de um vetor de substituição (Casola, 2004). Na doença de Lesch-Nyhan, a atividade da HGPRT nos eritrócitos é aproximadamente nula (Nyhan, 2007).

5. HAT médio

O HAT é um meio de seleção, normalmente utilizado para a cultura de células de mamíferos e mais frequentemente utilizado para a preparação de anticorpos monoclonais. O meio HAT é constituído por hipoxantina (uma fonte de purina), aminopterina (um inibidor da síntese de purina e timidina) e timidina (uma fonte de pirimidina) (Caskey & Kruh, 1979). A hipoxantina é um derivado da purina, enquanto a timidina é um desoxinucleósido e ambos são intermediários na síntese do ADN. A aminopterina, no entanto, é um fármaco que actua como inibidor do metabolismo do folato, inibindo a di-hidrofolato redutase. A ideia subjacente ao meio de seleção HAT é que a aminopterina bloqueia a síntese *de novo* do ADN, ao passo que a hipoxantina e a timidina fornecem os blocos de construção para escapar a este bloqueio, utilizando uma via diferente, a via de recuperação. Para o fazer, são necessárias as enzimas corretas e apenas as células com cópias funcionais dos genes que codificam essas proteínas podem sobreviver. A aminopterina no meio HAT bloqueia a via de salvamento, levando as células a utilizar a sua via endógena que depende da funcionalidade da enzima HGPRT (Parry & Parry, 2012). As células que não têm atividade HGPRT não conseguem sobreviver em meio HAT (Caskey & Kruh, 1979). A capacidade de selecionar células *HPRT*+ em meio HAT foi uma ferramenta importante no final dos anos 70 para o estabelecimento de posições cromossómicas de genes humanos através da análise de híbridos celulares interespécies (Caskey & Kruh, 1979).

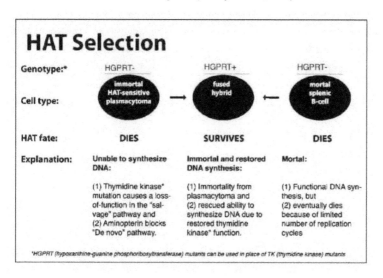

Figura 10: Meio de seleção HAT em diferentes situações de acordo com o genótipo.

Após o tratamento com CRISPR, as células mutantes *HPRT*- serão selecionadas utilizando 6-TG. As células *HPRT*+ incorporarão 6-TG no seu ADN e acabarão por morrer. Apenas as células *HPRT*- sobreviverão, uma vez que não serão capazes de absorver este análogo tóxico.

Materiais e métodos

A parte experimental teve lugar no Centro de Medicina Molecular (CMM) do Hospital Universitário Karolinska, no laboratório Magnus Nordenskjold, L08:02. Todos os plásticos foram adquiridos à SARSTEDT™ e os diferentes kits e produtos químicos foram adquiridos à LifeTechnologies™, Sigma Aldrich™ e Novocib™.

1. Cultura de células mononucleares brancas primárias

O sangue periférico humano foi obtido pela clínica a partir de dadores anónimos do sexo masculino. Os linfócitos são cultivados em suspensão numa incubadora a 37° C com 5% **de CO2**. O meio utilizado é o RPMI 1640 com 15% de soro fetal bovino (FBS) desativado pelo calor. Foram utilizados frascos para células com tampas ventiladas de 25 cm^2 e 75 cm^2. Para os protocolos relativos à cultura e ao tratamento de células B, consultar os Apêndices (Cultura de linfócitos), (Helgason & Miller , 2012), (Helgason & Miller, 2013), (Hua & Rajewsky, 2004). O volume de trabalho do meio para o balão de células de 25 cm^2 é de 10-12 ml, enquanto para o balão de 75 cm^2 é de 20 ml.

2. Meio de seleção HAT

Foi utilizado um meio HAT 50X da LifeTechnologies™ para garantir que apenas as células HGPRT+ podiam crescer. Por cada 100 vol. de meio preparado, são utilizados 2 vol. de solução-mãe de meio HAT 50x. Para obter informações adicionais sobre a preparação da solução-mãe do meio de seleção HAT, consulte o Apêndice (Preparação do meio HAT).

3. Esquema experimental

O esquema experimental pode ser dividido em quatro etapas diferentes. A primeira etapa consiste em cultivar células mononucleares brancas em meio RMPI 1640 com 15 % de soro fetal bovino (FBS) durante cerca de 3 a 5 dias ou até se atingir a concentração celular pretendida (aproximadamente 10^6 células). Na etapa seguinte, as células são deixadas a crescer em meio HAT durante mais 7 a 10 dias, para que apenas as células HGPRT+ sobrevivam (consultar o capítulo sobre o meio HAT para mais informações). Em seguida, os linfócitos estão prontos para a transfecção com o plasmídeo CRISPR. O cultivo das células continua na presença de uma concentração adequada de 6-tioguanina durante 4 a 7 dias. A concentração adequada de 6-tioguanina pode ser determinada por meio de uma experiência de curva de morte (ver Apêndice: Determinar a curva de morte para TG na secção relativa à linha celular em causa). A etapa final consiste em detetar se ocorreram quaisquer alterações, tais como potenciais inserções, supressões ou alterações de nucleótidos simples. Foram recrutados três protocolos diferentes para ajudar no processo de deteção. O primeiro é um kit de deteção de clivagem genómica que utiliza enzimas de clivagem, que clivam qualquer ADN não compatível e podem ser visualizadas com eletroforese em gel. Também é utilizada uma abordagem enzimática para detetar uma queda na atividade da enzima HGPRTase. Esta abordagem utiliza um espetrofotómetro para detetar a perda de atividade entre as amostras de controlo e as amostras tratadas. A terceira e mais rápida forma de detetar se o tratamento funcionou ou não é através da observação microscópica de células em meio HAT. O resultado esperado é a diminuição

19

da densidade celular em comparação com outros controlos tratados com 6-TG. A figura seguinte (Figura 11) descreve as diferentes etapas do processo experimental.

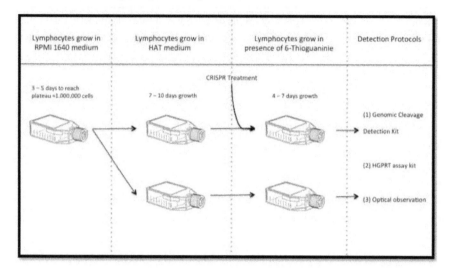

Figura 11: Processo experimental dividido em quatro grandes etapas. As células mononucleares brancas primárias crescem em meio HAT para garantir que apenas as células HGPRT+ sobrevivem. As células sanguíneas são tratadas com o sistema CRISPR e são estabelecidos três protocolos diferentes para detetar as alterações.

4. Tratamento CRISPR

Conceção do gRNA

Para conceber o oligonucleótido que será utilizado como gRNA, foi utilizado o seguinte sítio Web (http://crispr.mit.edu). Trata-se de uma ferramenta de conceção CRISPR baseada na Web que simplifica o processo de seleção de uma sequência-guia CRISPR numa entrada de ADN. Para evitar eventos fora do alvo, identifica quaisquer sequências semelhantes à sequência alvo e também destaca guias com elevada especificidade. Para utilizar esta ferramenta Web, basta introduzir a sequência de ADN pretendida e escolher o genoma alvo (humano, rato, peixe-zebra, etc.). Esta ferramenta Web fornece orientações para os eventos fora do alvo, mas também uma análise de nickase combinada com taxas de pontuação para permitir a escolha da sequência que será utilizada. Idealmente, a sequência de oligonucleótidos deve ter 21 pares de bases (pb), mas pode ter cerca de 18 a 25 pb. Para este projeto, foi utilizado um vetor CRISPR equipado com proteína fluorescente laranja (OFP) num kit da LifeTechnologies™. Dois oligonucleotídeos de DNA de fita simples com saliências adequadas para complementar o vetor linearizado (Figura 12) tiveram que ser projetados para completar o vetor, como pode ser visto na Tabela 1 abaixo.

Quadro 1: Oligonucleótidos de ADN de cadeia simples com sequência de ordem de saliências adequada.

Order Sequence 5' to 3' *Note*: 5 bp 3' overhang are for cloning into the GeneArt® CRISPR Nuclease vectors		Exon target	Length (bp)
Forward	5'-.............GGCTTATATCCAACACTTCG **GTTTT**-3'	Exon 7	25
Reverse	5'-**GTGGC** CCGAATATAGGTTGTGAAGC............-3'		
Forward	5'-.............TCTTGCTCGAGATGTGATGA **GTTTT**-3'	Exon 3	25
Reverse	5'-**GTGGC** AGAACGAGCTCTACACTACT............-3'		

Ao conceber a sequência-alvo, há três aspectos que devem ser tidos em conta. Em primeiro lugar, o comprimento da sequência e a disponibilidade de um motivo NGG. O comprimento deve ser de cerca de 19 a 20 nucleótidos e deve ser adjacente a uma sequência de motivo NGG proto-espaçador adjacente (PAM). Em segundo lugar, e igualmente importante, é que a homologia da sequência-alvo com outros genes não seja significativa, uma vez que tal poderia conduzir a efeitos fora do alvo. Por último, mas não menos importante, deve ter-se em conta a orientação do locus alvo; codifica a sequência sense ou antisense. Os oligonucleótidos foram encomendados à Thermo scientific™ e recebidos liofilizados. Os oligonucleótidos de ADN de cadeia simples concebidos e sintetizados, recozem para produzir oligonucleótidos de cadeia dupla (oligonucleótidos ds) que podem encaixar perfeitamente no vetor linearizado fornecido pelo kit. São preparadas soluções de reserva adequadas de oligonucleótidos ds e levadas para a fase de reação de ligação.

Reação de ligação

O plasmídeo é fornecido linearizado com saliências de 5 pares de bases 3' em cada cadeia, como se pode ver na Figura 12 abaixo. Nos nucleótidos 6732 e 6752 é adicionado um gene OFP para facilitar a triagem. A mistura de ligação é incubada durante pelo menos 10 minutos à temperatura ambiente (25-27° C). O tempo de incubação pode ser prolongado até 2 horas, resultando em rendimentos mais elevados. Após o tempo de incubação, a E. *coli* competente One Shot® TOP10 é transformada com a construção de nuclease CRISPR resultante.

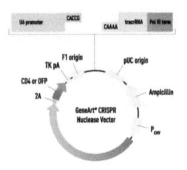

Figura 12: Vetor GeneArt® CRIPSR Nuclease (da *LifeTechnologies*).

Transformar células competentes de E. *coli*

As E. *coli* competentes One Shot® TOP10 são transformadas com a construção de nuclease CRISPR resultante. O meio S.O.C. é utilizado para facilitar o procedimento de transformação. As células E. *coli* são espalhadas em placas de ágar LB pré-aquecidas contendo 100 μg/ml de ampicilina. A concentração de LB para 500 ml foi de 5 g de triptona, 2,5 g de extrato de levedura e 5 g de NaCl. Uma reação de ligação eficiente pode produzir mais de uma centena de colónias no total.

Isolamento de plasmídeos

Para isolar o plasmídeo desejado e utilizá-lo para a transformação de linfócitos, foi utilizado o PureLink®HiPure Plasmid Filter DNA Purification Kit da LifeTechnologies™. As E.*coli* transformadas foram deixadas a crescer em meio LB durante a noite, tendo sido utilizados 25-100 ml para o processo de purificação. O processo está dividido em duas fases. A primeira fase consiste em 8 passos simples em que se efectua o isolamento do ADN do plasmídeo. O ADN purificado é obtido no tubo de eluição final. A segunda fase consiste em precipitar o ADN plasmídico. São necessários dez passos para esta fase e, no final, o ADN plasmídico está pronto para ser utilizado no protocolo de transfecção ou para ser armazenado a -20° C para utilização posterior.

Transfecção de linfócitos

Existem diferentes métodos para transfectar plasmídeos em linhas celulares de mamíferos. Alguns incluem o fosfato de cálcio, outros são técnicas mediadas por líquidos e outros ainda a electroporação. Para este conjunto de experiências, foi utilizado o reagente Lipofectamine®2000 à base de lípidos catiónicos da LifeTechnologies™. As células semente devem ser 70% confluentes no dia da transfecção. O procedimento de transformação é simples e demora apenas um dia, com 6 passos. O ADN diluído é adicionado a uma mistura com o reagente Lipofectamine®2000 numa proporção de 1:1 e é deixado a incubar durante 5 minutos à temperatura ambiente. Após a incubação, a mistura é adicionada às células e, nos 2-4 dias seguintes, as células transfectadas são analisadas através de microscopia fluorescente. A eficiência do protocolo de transfecção tem de ser examinada. Para o efeito, é necessário ter em conta o marcador OFP contido na sequência do plasmídeo (Figura 12). Se as células tiverem acumulado o plasmídeo, o marcador OFP será expresso e poderá ser observado num microscópio fluorescente utilizando os filtros adequados. A vantagem do marcador OFP é que a cor laranja se situa entre o verde e o vermelho (Figura 13), pelo que pode ser detectado por ambos os tipos de filtros (vermelho e verde).

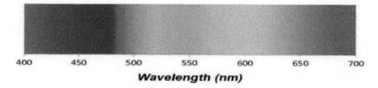

Figura 13: Espectro do comprimento de onda da luz visível.

As células da placa de 6 poços foram colocadas em lâminas de microscopia e protegidas com uma lamela. O meio de montagem DPI Vectashield® para fluorescência foi utilizado para corar o núcleo e facilitar a visualização das células.

22

5. Ensaios de deteção

Curva de morte TG

Foram preparadas placas de 6 poços e o produto químico Tioguanina foi adicionado às culturas em concentrações pré-definidas. Foi efectuada uma curva de morte com a utilização de 6-tioguanina da Sigma Aldrich™. Foram utilizadas três concentrações diferentes para encontrar e otimizar a dose de morte, 30 mM, 41 mM e 60 mM. As células foram colocadas em placas de 6 poços com as concentrações adequadas de tioguanina e deixadas a crescer durante 5-7 dias. Para mais informações, consultar o Apêndice (Determinar a curva de morte para TG na linha celular de interesse).

Contagem da viabilidade

Para avaliar a viabilidade da cultura de células, foi utilizado um protocolo de exclusão de azul de tripano. Foi preparada uma solução de azul de tripano com PBS 1X na diluição 1:10. Foram efectuadas duas diluições diferentes de 1:5 da suspensão de células utilizando a solução tampão de azul de tripan. Foi dado um tempo de espera de cerca de 1 minuto para corar as células mortas. Foram retirados 10 µl de cada tubo para uma câmara diferente de um hemocitómetro. As células foram observadas ao microscópio com uma ampliação de 10x. Foi contado o número total de células vivas e mortas nos quadrantes. A percentagem de viabilidade e a média de células por ml foram calculadas conforme descrito no Apêndice.

Kit de clivagem de ADN

Para detetar uma clivagem específica do ADN genómico, foi utilizado o GeneArt® Genomic Cleavage Detection Kit da LifeTechnologies™. Este ensaio simples e rápido utiliza ADN genómico extraído de células transfectadas que foram previamente modificadas com uma técnica de edição do genoma como a CRISPR/Cas9. As inserções ou deleções genómicas são criadas pelos mecanismos de reparação celular. Os loci onde ocorrem as quebras de cadeia dupla específicas do gene são amplificados por PCR. O produto da PCR é desnaturado e reanalisado. As incompatibilidades que ocorrem são detetadas e clivadas por uma enzima de deteção. Qualquer produto de clivagem pode ser detectado como uma banda extra por eletroforese em gel.

Conceção de primers para PCR

Os primers tiveram de ser concebidos para a PCR. O sítio Web UCSC Genome Bioinformatics (http://genome-euro.ucsc.edu/index.html) foi utilizado para obter a sequência do genoma do gene *HPRT* em torno da área dos exões pretendidos. O software Primer3 (http://bioinfo.ut.ee/primer3/) foi utilizado para selecionar primers a partir da sequência de ADN inserida. A ferramenta Primer-BLAST do NCBI (http://www.ncbi.nlm.nih.gov/tools/primer-blast/) também foi utilizada para verificar a escolha dos primers e minimizar o evento de amplificação de um locus diferente do pretendido durante a PCR. A Figura 14 e a Figura 15 mostram o locus alvo do iniciador direto e do iniciador inverso e também o produto de amplificação esperado da PCR para o exão 7 e o exão 3, respetivamente. O comprimento do produto para o exão 7 é de 349 pares de bases, enquanto que para o exão 3 é de 368 pb.

23

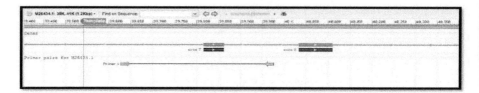

Figura 14: Primers forward e reverse com região de amplicon para o exão 7 do gene *HPRT*.

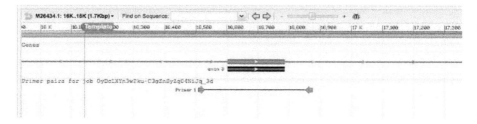

Figura 15: Primers forward e reverse com região de amplicon para o exão 3 do gene *HPRT*.

Existem alguns pré-requisitos na conceção dos primers para obter um melhor produto de PCR:

(i)   Os iniciadores devem ter uma Tm>55º C,

(ii)   O seu comprimento deve situar-se entre 18 e 22 pares de bases e ter um teor de CG de 45 a 60 %,

(iii) Para uma amplificação eficaz, os iniciadores devem ser concebidos de modo a produzir comprimentos de amplificação entre 400 e 500 pares de bases

(iv) Além disso, a conceção deve ser feita de forma a que o potencial local de clivagem não se encontre no centro do produto amplificado, caso contrário a enzima de deteção que será utilizada produzirá duas bandas de produto distintas.

Um relatório pormenorizado sobre os primers do exão 7 e do exão 3 pode ser consultado na Tabela 2.

Tabela 2: Relatório detalhado dos primers para o exão 7 e o exão 3 do gene *HPRT*.

Exon 7 primer report						
	Sequence (5'->3')	Length	Start	Stop	Tm	GC%
Forward primer	TGCTGCCCCTTCCTAGTAATC	21	39628	39648	59.23	52.38
Reverse Primer	ACTGGCAAATGTGCCTCTCT	20	39976	39957	59.60	50.00
Product length	349					
Exon 3 primer report						
	Sequence (5'->3')	Length	Start	Stop	Tm	GC%
Forward primer	CCAGGTTGGTGTGGAAGTTT	20	16509	16528	58.22	50.00
Reverse Primer	TGAAAGCAAGTATGGTTTGCAG	22	16876	16855	57.76	40.91
Product length	368					

O PRECICE® HPRT Assay Kit da *NovoCIB* é uma ferramenta enzimática para monitorizar continuamente a atividade da HGPRT de uma forma espectrofotométrica fácil. Com este ensaio, a atividade da HGPRT é medida como uma taxa de produção de IMP. O IMP é oxidado pela enzima IMPDH recombinante através da redução do NAD⁺ a NADH, como se pode ver na Figura 16. Este ensaio foi desenvolvido para medir a atividade da HGPRT *in vitro* ou em lisados de células.

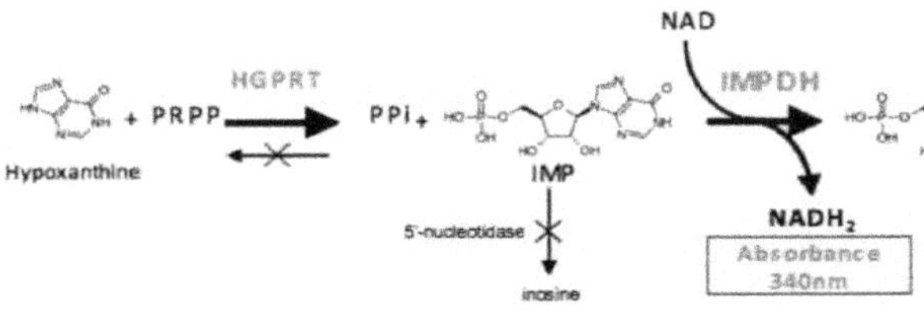

Figura 16: Abordagem enzimática do kit de ensaio PRECICE® HPRT

É utilizada uma placa de 96 poços para o ensaio enzimático (PRECICE® HPRT Assay Kit). A microplaca é preparada de acordo com o protocolo fornecido. Utiliza-se a densidade ótica (DO) a 340 nm e a reação é monitorizada a 37° C durante 2 horas, com recolha de dados de 5 em 5 minutos. Em geral, os ensaios enzimáticos são muito exigentes e podem ser afectados pelas condições ambientais. Neste ensaio, a atividade da HGPRT é medida pela absorvância a 340 nm. O PRPP (α-D-5-fosforibosil-1-pirofosfato) é altamente instável quando dissolvido. É utilizado neste ensaio enzimático. A atividade da HGPRT é calculada e as amostras de controlo com as transfectadas são comparadas, como se pode ver na Figura 17. A atividade da HGPRT é calculada pela seguinte fórmula:

$$(3) \quad \text{HPRT Activity (in nmol/ml/hour)} = \frac{AR_{PRPP} - AR_{BLANK}}{\varepsilon * l} * 10^6,$$

ε = coeficiente de extinção molar do NADH a 340 nm: 6220 M-1cm-1 l = é o comprimento do trajeto: 0,789 para um poço de fundo redondo de 200 µl de uma microplaca de 96 poços.

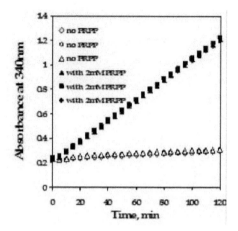

Figura 17: Diagrama da atividade esperada da HPRT. Curso temporal da formação de IMP pela HPRT humana incubada na presença de PRPP em tampão de reação padrão ou na sua ausência (NovoCIB).

Resultados

1. Pesquisa de genes e seleção de sequências-alvo

Para recolher dados sobre o gene, o locus do genoma, a sua estrutura, etc., foram utilizados diferentes sítios Web. As informações iniciais sobre o gene *HPRT1* foram recolhidas, tal como apresentado na secção 3. gene *HPRT1*, no sítio Genetics Home Reference (http://ghr.nlm.nih.gov/gene/HPRT1).

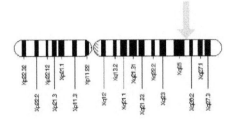

Figura 18: Localização molecular no cromossoma X do gene *HPRT1*. Localização citogenética: Xq26.1

O sítio Web Online Mendelian Inheritance in Man® (OMIM®) permitiu uma melhor e mais aprofundada compreensão do gene e da HGPRTase expressa. O código de entrada OMIN® para a Hipoxantina Guanina Fosforibosiltransferase é 30800 (http://omim.org/entry/308000).

O sítio Web do National Center for Biotechnology Information (NCBI) forneceu informações adicionais sobre a sequência do genoma, o número de exões e a sequência transcrita (http://www.ncbi.nlm.nih.gov/nuccore/M26434). Para mais informações, consultar a secção 3. Gene *HPRT1*. O número de acesso ao gene *HPRT* no GenBank é M26434.1.

Ensembl é uma base de dados do genoma utilizada para obter dados relativos à sequência do genoma e ao número de transcrições de genes. *O gene HPRT tem 3 transcrições, das quais apenas uma dá origem a um produto proteico.* A identificação da versão Ensembl para o gene *HPRT* é ENSG00000165704 (http://www.ensembl.org/Homo_sapiens/Gene/Summary?g=ENSG00000165704;r=X:1 33594183-133654543).

Name	Transcript ID	Length (bp)	Protein ID	Length (aa)	Biotype	CCDS	GENCODE basic
HPRT1-001	ENST00000298556	1407	ENSP00000298556	218	Protein coding	CCDS14641	Y
HPRT1-002	ENST00000462974	724	No protein product	-	Processed transcript	-	Y
HPRT1-003	ENST00000475720	599	No protein product	-	Processed transcript	-	-

Figura 19: Imagem do Ensembl com informações sobre os transcritos dos genes.

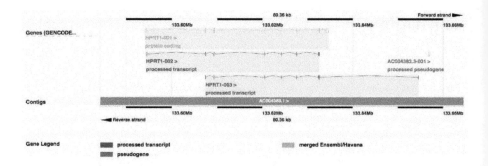

Figura 20: imagem retirada do Ensembl que mostra a parte codificadora da proteína *HPRT1* e o transcrito processado *HPRT* no locus do genoma.

Após a análise do genoma, o passo seguinte consiste em decidir qual a sequência a selecionar. Para o efeito, foi utilizada a ferramenta CRIPSR Design (http://crispr.mit.edu), tendo em conta os pré-requisitos descritos na secção 4. Tratamento CRISPR. A análise demonstrou que as sequências-guia para o exão 3 e o exão 7 obtiveram a pontuação de qualidade mais elevada em termos de baixa focalização no locus e de eficiência da nickase. A análise do exão 3 é apresentada na Figura 21 (http://crispr.mit.edu/job/67502154097707190), enquanto a análise do exão 7 é apresentada na Figura 21 (http://crispr.mit.edu/job/6040241423828172). De acordo com o estudo da literatura que foi realizado e descrito na secção 3.2 Síndrome de Lesch-Nyhan, o exão 3 e o exão 7 parecem ser as sequências corretas para serem alvo. O exão 7 tem uma pontuação de qualidade global de 89 e o exão 3 tem 74. A sequência-guia do exão 3 tem maior probabilidade de um evento fora do alvo do que a sequência-guia do exão 7, mas, em comparação com outras partes do gene, ambas as sequências têm probabilidades relativamente baixas de eventos fora do alvo. As partes exónicas dos loci fora do alvo que potencialmente podem ser visadas foram investigadas e nenhuma está envolvida em vias essenciais para o crescimento celular, a via de recuperação ou mesmo o metabolismo do meio HAT.

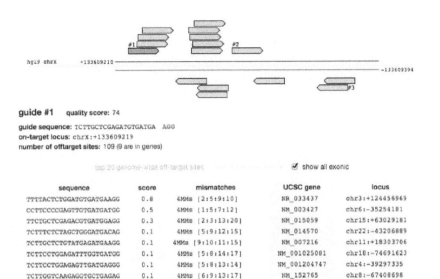

Figura 21: Análise da sequência alvo do exão 3. A guia 1 tem a pontuação de qualidade mais elevada (74) e está indicada no cromossoma X numa orientação de sentido. A possibilidade de eventos fora do alvo também é mostrada neste gráfico. Os potenciais locus fora do alvo estão assinalados e a respectiva probabilidade é apresentada como pontuação.

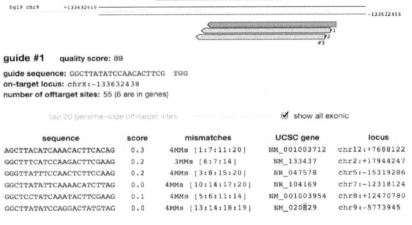

Figura 22: Análise da sequência alvo do exão 7. A guia 1 tem a pontuação de qualidade mais elevada (89) e está indicada no cromossoma X numa orientação anti-sentido. A possibilidade de eventos fora do alvo também é mostrada neste gráfico. Os potenciais locus fora do alvo estão assinalados e a respectiva probabilidade é apresentada como pontuação.

Foi encomendado à LifeTechnologies™ um plasmídeo pronto a usar com a sequência para o exão 7, como se

29

pode ver na Tabela 1. Foram encomendados oligonucleótidos para a sequência guia do exão 3 e o procedimento de ligação foi seguido conforme descrito na secção 4, tratamento CRISPR, para transformar células competentes de E. *coli*.

2. Cultura de células mononucleares brancas primárias

As células mononucleares brancas primárias do sangue periférico foram obtidas pela clínica a partir de um dador anónimo do sexo masculino, numa quantidade de aproximadamente 2 ml. A quantidade total foi transferida para um frasco de células de 25 cm^2 com meio RPMI 1640 e 15 % de FBS. O frasco de células foi incubado a 37° C com 5% **de CO2** e tratado com os protocolos descritos no Apêndice (ver Cultura de linfócitos) durante quase 3 semanas. Após 3 semanas, todas as células morreram. Antes disso, entre os dias 13th e 16th, as células começaram a perder a sua forma e a tornar-se cada vez mais pequenas.

Figura 23: Sangue periférico obtido pela clínica.

A partir dos dados preliminares que foram conduzidos para determinar a viabilidade das células, o tempo de vida e também para estabelecer os protocolos pela primeira vez no laboratório, foi obtida a seguinte folha de crescimento, ver Figura 24. O número de células está a diminuir rapidamente após a divisão consecutiva e o tratamento intenso das células estava a ser realizado para determinar as melhores abordagens de protocolo. No entanto, deve ser notado que a concentração inicial de células recuperada pela clínica é bastante elevada e completamente satisfatória para conduzir a investigação. Aproximadamente 2 * 10^7 células foi a concentração inicial. A Figura 25 mostra outra folha de crescimento e pode ser visto que os linfócitos foram capazes de se manter ou mesmo expandir-se com o tratamento adequado. Os dados preliminares indicam que o tempo de vida dos linfócitos em cultura de células pode ser prolongado até três semanas. As experiências de curva de morte mostram que a concentração mais elevada de tioguanina é a mais adequada, uma vez que, após 7 dias de cultura, menos de 5% das células sobrevivem.

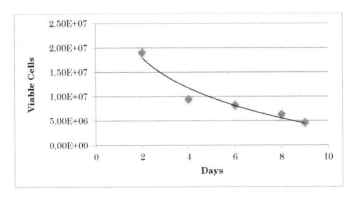

Figura 24: Dados da folha de crescimento celular. A concentração inicial corresponde ao número de células fornecido pela clínica. As células cresceram em meio RPMI 1640 com 15 % de FBS num frasco de células de 25 cm2.

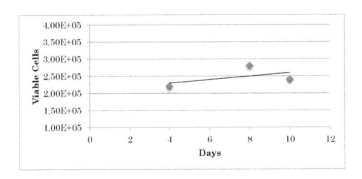

Figura 25: Dados da folha de crescimento celular. As células cresceram em meio RPMI 1640 com 15 % de FBS num frasco de células de 75 cm2.

Depois de estabelecer os diferentes protocolos e de se familiarizar com o tratamento das células, foi efectuada uma segunda ronda de experiências, incluindo agora o tratamento CRISPR. Mais uma vez, foram obtidas pela clínica células de buffy coat de sangue periférico de um dador anónimo do sexo masculino, numa quantidade de aproximadamente 2 ml. A quantidade total foi transferida para um frasco de células de 25 cm^2 com meio RPMI 1640 e 15 % de FBS. O frasco de células foi incubado a 37° C com 5% de CO2. A concentração inicial de células viáveis no primeiro dia do procedimento experimental era de cerca de 2,2 * 10^7 células, como se pode ver na Figura 26. As células foram deixadas a expandir-se durante 4 dias e, em seguida, foram divididas em dois frascos de células diferentes de 75 cm^2 (Figura 29); um deles destinava-se a ser um stock para o tratamento CRISPR que continha 15% de FBS e o outro frasco de células foi utilizado como amostra de controlo contendo apenas meio RPMI 1640.

Figura 26: Primeiro dia do procedimento experimental. Os linfócitos foram transferidos para um balão de células de 25 cm^2 e estão a ser incubados a 37º C com 5% de CO2.

Ambas as culturas foram monitorizadas ao longo do processo experimental, medindo a viabilidade da cultura e a concentração de células. Na Figura 27, pode ver-se a folha de crescimento do frasco de células que se destina ao tratamento com CRIPSR.

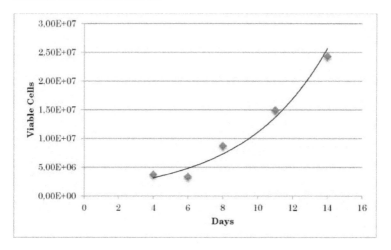

Figura 27: Dados experimentais da folha de crescimento celular destinada ao tratamento CRISPR. As células cresceram em meio RPMI 1640 com 15 % de FBS num frasco de células de 75 cm2.

Os linfócitos parecem estar a crescer eficazmente. A partir de observações ópticas, parece que as células estão a crescer, mas tornam-se cada vez mais pequenas com o tempo e especialmente após o dia 14th . As células não são estimuladas de forma alguma pelo sistema de resposta imunitária e a divisão consecutiva torna as células mais pequenas. Um outro resultado interessante pode ser inferido a partir da comparação da curva de crescimento celular dos dois frascos de células (ver Figura 27 e Figura 28). As duas folhas de crescimento de culturas diferentes foram criadas pela mesma cultura preliminar. Ambas foram cultivadas com as mesmas condições, mas apenas a que se destinava ao tratamento CRISPR (Figura 26) estava a crescer na presença de 15 % de FBS. Parece que o FBS tem um efeito benéfico no crescimento dos linfócitos e pode manter a cultura em números viáveis de células.

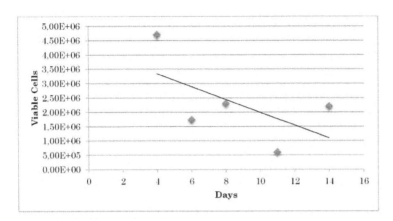

Figura 28: Dados experimentais da folha de crescimento da cultura de controlo de células. As células
cresceram em meio RPMI 1640 num balão de células de 75 cm2.

Figura 29: Palhetas de cultura de células de 75 cm² . Um destinado ao tratamento CRISPR e o outro
como controlo.

Sempre que uma nova cultura de células era testada, tinha de ser efectuado um teste de tioguanina para verificar
a concentração de morte (Figura 30). De ambas as culturas de células (estudos preliminares e execução final),
a concentração de tioguanina que parecia estar a matar mais de 95% das células era a dose mais elevada
administrada, 10μg/ml. Existe a possibilidade de mutação aleatória que levará à sobrevivência das células e é
calculada em cerca de 2% da população total, (Jacobs & DeMars, 1984).

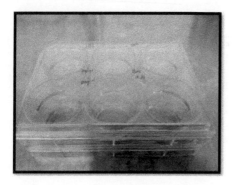

Figura 30: Experiência de curva de morte. Foram colocadas placas de 6 poços com três concentrações diferentes de TG em triplicado

3. Crescimento de E. *coli* e isolamento de plasmídeos

Para fazer a transfecção de células de mamíferos e tratar com sucesso as células com o sistema CRISPR, devem ser produzidas quantidades suficientes de vetor. Utilizamos a cultura bacteriana E. *coli* para o produzir. Como explicado anteriormente no capítulo "Pesquisa de genes e seleção da sequência alvo" da secção de resultados, foram selecionados dois exões, o exão 3 e o exão 7. Duas sequências de oligonucleótidos tiveram de ser ligadas e transformadas em células competentes de E. *coli*. As E. *coli* competentes One Shot® TOP10 foram transformadas com 3 µl da construção resultante da nuclease CRISPR. Foi utilizado o meio S.O.C. para facilitar o procedimento de transformação. As células de E. *coli* são espalhadas em placas de ágar LB pré-aquecidas contendo 100 µg/ml de ampicilina. Uma reação de ligação eficiente pode produzir mais de uma centena de colónias no total. Foram realizados vários esforços diferentes a partir da construção que corresponde ao exão 3, mas não produziram um número suficiente de colónias. Tentou-se uma quantidade diferente de reação de ligação, o tempo de incubação foi prolongado e também se aumentou a quantidade de meio S.O.C. para ultrapassar esta barreira de baixa eficiência. Os esforços não foram bem sucedidos; provavelmente o vetor CRISPR estava desnaturado e não conseguiu produzir a quantidade esperada de colónias. Possivelmente, uma ligase fresca, adequadamente armazenada a frio, com uma substituição de todos os tampões, poderia trazer o resultado desejado. O exão 7 foi alvo de um plasmídeo feito por medida. O plasmídeo chegou num stock de glicerol, do qual apenas uma pequena porção foi transferida com a utilização de um bastão para plaquear células bacterianas em placas de ágar LB contendo 100-µg/ml de ampicilina. As bactérias foram deixadas a crescer durante a noite numa incubadora e, no dia seguinte, estavam prontas para colher uma colónia e proceder à cultura líquida e à extração do plasmídeo, tal como descrito na secção 4. Isolamento do plasmídeo. Depois de o plasmídeo ter sido isolado, foi utilizado um espetrofotómetro Nanodrop para quantificar a quantidade de plasmídeo extraído. Foi isolada uma concentração elevada, 659,12 µg/ µl e a razão 260:280 foi de 1,88, indicando uma amostra relativamente pura com uma razão elevada de ADN para proteína.

4. Eficiência de transfecção

O reagente Lipofectamine®2000 à base de lípidos catiónicos da LifeTechnologies™ foi utilizado para o protocolo de transfecção. Foram testadas quatro concentrações diferentes de Lipofectamine®2000, 6; 9; 12 e 15 µg/ml. Uma amostra de controlo apenas com linfócitos e uma amostra de controlo com as células e o vetor, sem Lipofectamine®2000, foram também semeadas numa placa de 6 poços. Após 4 a 6 dias, as células estavam prontas para os ensaios do protocolo de deteção. Inesperadamente, as células da amostra de controlo, mesmo sem o plasmídeo, pareciam ser auto-fluorescentes e não era possível detetar claramente as células na amostra.

5. Ensaios de deteção

A forma mais rápida de obter uma indicação sobre se o tratamento funcionou ou não é através de uma avaliação da contagem da viabilidade. O resultado esperado é que a amostra tratada tenha uma maior concentração de células em comparação com a amostra de controlo e que se observe também um gradiente de concentração de células para as diferentes concentrações de lipofectamina utilizadas. Além disso, a amostra de controlo da placa de 6 poços deve corresponder, em número de células viáveis, à amostra da solução-mãe. Na Figura 31, estes pressupostos podem ser cumpridos. No entanto, o número de células viáveis em ambas as amostras de controlo é bastante elevado em comparação com o da concentração mais baixa de lipofectamina. A amostra de transfecção com 15 µg de lipofectamina parece ter uma concentração celular mais elevada em comparação com as amostras de controlo e também pode ser observado o gradiente de concentração celular dependente da dose esperado entre as diferentes quantidades de lipofectamina. É de notar que a lipofectamina em concentrações elevadas é tóxica e provoca a morte das células. Outro facto interessante é a comparação entre as duas amostras de controlo diferentes. Uma amostra é retirada da placa de 6 poços, onde foi efectuado o tratamento com CRISRP, e a outra é retirada do frasco de 75 cm² que foi utilizado para a inoculação. Na Figura 31, pode observar-se que as duas amostras de controlo não se desviam muito e parecem estar no mesmo intervalo de células viáveis, o que significa que as células cresceram de forma semelhante.

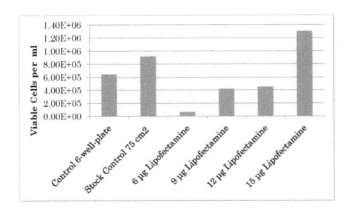

Figura 31: Comparação entre duas amostras de controlo diferentes e quatro concentrações diferentes de lipofectamina.

Foram utilizados dois ensaios para detetar mais eficazmente as possíveis mutações genéticas. O primeiro é um ensaio de clivagem genómica do ADN (GeneArt® Genomic Cleavage Detection Kit) e o outro é um ensaio de kit enzimático (PRECICE ® HPRT Assay Kit). Para ambos os ensaios, o primeiro passo foi a colheita das células. Para o efeito, a cultura foi centrifugada a 200 g durante 5 minutos e a suspensão foi aspirada. Os pellets de células foram armazenados a -80° C para utilização posterior.

Kit de clivagem de ADN

O ensaio GeneArt® Genomic Cleavage Detection Kit pode ser dividido em duas partes. A primeira parte tem a ver com a lise celular e a extração de ADN, enquanto a segunda parte tem a ver com o ensaio de clivagem. Para ambas as partes, seguiu-se o manual. Resumidamente, a lise da célula, a extração de ADN e a amplificação por PCR (consultar: Conceção de primers para PCR) têm lugar na primeira parte. É necessária uma eletroforese com um gel de agarose a 2% durante 30 minutos a baixa voltagem para verificar o produto da PCR, como se pode ver na Figura 32. Deve estar presente uma única banda clara com o tamanho correto (350 bases) para se poder passar à segunda parte. Se não for observada uma única banda com o tamanho esperado, é necessário reconsiderar a otimização das condições de PCR, incluindo os primers, a temperatura de recozimento e a quantidade de volume de lisado, até se obter um produto de PCR de boa qualidade. No nosso caso, a amostra de 15 μg de Lipofectamina, linha 3 na eletroforese em gel (Figura 32), parece ter uma banda única e ténue com o tamanho adequado. A amostra de controlo na linha 2 existe para verificar se as condições de PCR foram óptimas. A banda fraca que recebemos deve-se provavelmente ao baixo número de células utilizadas na experiência. O número mínimo necessário de células a utilizar era de 50 000 células e, para a experiência, utilizámos cerca de 30 000 células.

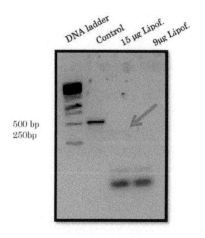

Figura 32: Produto de verificação da PCR. Escada de ADN, amostra de controlo, 15 μg de amostra de Lipofectamina, 9 μg de amostra de Lipofectamina

A segunda parte consiste em preparar e executar a reação de desnaturação e recozimento e clivar a potencial inserção, deleção ou ADN não correspondido. O produto de PCR amplificado pode ser utilizado no ensaio de clivagem sem purificação adicional. Como boa prática, inclui-se um controlo enzimático negativo para cada amostra, a fim de distinguir as bandas de fundo do produto de clivagem esperado. O ADN heteroduplex que contém a potencial inserção, deleção ou ADN não correspondido é clivado pela enzima de deteção, permitindo a quantificação da percentagem de modificação genética através de uma análise em gel. A eletroforese decorre durante 30 minutos a baixa voltagem e o gel é visualizado com um transiluminador UV. A eficiência da clivagem é determinada pela seguinte fórmula:

(1) Eficiência de clivagem= $1-[(1-\text{fração clivada})]^{1/2}$

(2) Fração clivada = soma das intensidades das bandas clivadas/ (soma das intensidades das bandas clivadas e parentais)

A figura 33 mostra o ensaio de deteção da clivagem do gene *HPRT*, enquanto a figura 34 mostra um exemplo de gel do ensaio de deteção da clivagem genómica. O resultado esperado deveria ser a visualização de uma banda clara com o tamanho de 350 pares de bases e mais uma ou duas bandas com tamanhos mais pequenos. No entanto, não foi esse o caso, uma vez que não estava disponível o número adequado de células para este conjunto de experiências.

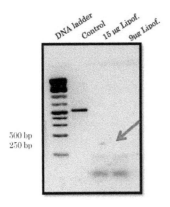

Figura 33: Ensaio de deteção de clivagem. Escada de ADN, amostra de controlo, 15 µg de amostra de Lipofectamina, 9 µg de amostra de Lipofectamina

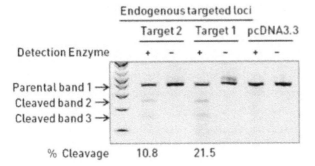

Figure 33 **Imagem de gel do ensaio de deteção de clivagem genómica utilizando células transfectadas (LifeTechnologies)**

Discussão

A engenharia do genoma é o tema principal deste relatório. O laboratório de acolhimento não tinha conhecimentos prévios sobre o tema e as diferentes técnicas utilizadas. Foi necessário fazer um grande esforço para compreender e lidar com cada protocolo individual de cada vez. No presente relatório, demonstrámos que as células mononucleares brancas humanas primárias são capazes de crescer em frascos de células durante cerca de 3 semanas, num meio RPMI 1640 com 15% de FBS. Embora a novidade deste resultado seja empolgante, provavelmente a escolha das células foi incorrecta para os nossos objectivos experimentais. Os linfócitos têm um tempo de vida limitado (3 semanas) e não podem ser armazenados e expandidos após um evento de edição do genoma bem sucedido. No entanto, são células primárias e o processo experimental dá esperança de que as células primárias possam ser tratadas com sucesso. Esta é uma esperança inspiradora, por exemplo, para a investigação da leucemia, em que o material de doentes reais com mutações é muito escasso e as células preciosas só podem ser levadas para as experiências mais importantes. Seria um avanço se a edição do genoma pudesse ser utilizada para construir células novas, mutantes e possivelmente imortalizadas para a investigação da leucemia. A curva de morte da tioguanina suscitou algumas preocupações relativamente à concentração real de tioguanina que é utilizada na placa de 6 poços e se esta pode ser estimada com precisão. A incerteza reside no facto de as soluções de reserva de tioguanina serem filtradas antes de serem armazenadas, pelo que é incerto se a quantidade total foi ou não transferida para a solução. Para examinar a eficiência da transfecção, foi utilizado um microscópio de fluorescência, mas os resultados foram inconclusivos. Devido à insuficiência de tempo, a eficiência da transfecção não pôde ser melhor determinada. No entanto, acredita-se que seja de cerca de 15-20%, de acordo com dados da literatura. A partir dos estudos de viabilidade, parece que a concentração de Lipofectamina teve um efeito na eficiência da transfecção, que pareceu ser dependente da dose. A concentração mais elevada de lipofectamina utilizada produziu o maior número de células vivas. A nossa intenção era examinar dois protocolos de ensaio de deteção diferentes, um enzimático e um kit de clivagem do genoma. O kit enzimático acabou por não poder ser utilizado, uma vez que não estava disponível um espetrofotómetro aquecido com a gama de aquecimento desejada. O kit de clivagem do genoma do ADN mostrou apenas uma banda ténue de aproximadamente 350 bases de comprimento no produto de verificação da PCR, o que significa que o processo está a funcionar. No entanto, precisa de ser optimizado e normalizado. Com exceção das observações visuais, os protocolos de deteção não puderam ser úteis para verificar ou não a nossa hipótese de que o sistema CRISPR está a funcionar. Em resumo, demonstrámos que um evento de edição do genoma pode ter lugar em células mononucleares brancas humanas primárias com a utilização do sistema CRISPR num laboratório sem conhecimento prévio. São necessárias mais experiências para otimizar o processo; no entanto, foi dado o primeiro passo para a engenharia e alteração do genoma.

Resumo/ Conclusão

No presente relatório, o sistema CRISPR Cas9, tipo II, foi utilizado numa tentativa de anular o gene *HPRT1* que expressa a enzima HGPRTase em linfócitos humanos. Mostrámos que as células mononucleares brancas primárias foram capazes de crescer durante 3 semanas num meio RPMI 1640 com 15% de FBS. O meio HAT foi utilizado como meio de contra-seleção a fim de selecionar apenas células HGPRT+. A tioguanina foi posteriormente utilizada como meio de seleção para identificar apenas as células HGPRT-. A concentração adequada de tioguanina foi escolhida após a realização de uma experiência de curva de morte. As células E. *coli* foram transformadas com o vetor CRISPR. O plasmídeo foi isolado de acordo com o protocolo em concentrações bastante elevadas. A transfecção das células foi efectuada com quatro concentrações diferentes de Lipofectamina, tendo a concentração mais elevada apresentado os melhores resultados. Para verificar se o evento de edição foi bem sucedido nas células de mamíferos, foi utilizado um kit de deteção de clivagem do ADN e também um ensaio enzimático. O ensaio enzimático deve mostrar uma diminuição significativa da atividade enzimática da HGPRT, enquanto o kit de clivagem do ADN deve mostrar uma banda clara de aproximadamente 350 bases de comprimento num gel de eletroforese e provavelmente mais uma ou duas bandas com tamanhos muito mais pequenos. A engenharia do genoma está a progredir rapidamente e estamos apenas a ver o início de um potencial excitante. A facilidade de acesso e as enzimas de elevada especificidade, capazes de manipular diretamente os sítios genómicos de interesse, são algumas das vantagens. Seis anos após a sua descoberta, os complexos gRNA e Cas9 são utilizados para uma edição eficiente do genoma (Richter, Randau, & Plagens, 2013). Estão a surgir novos tipos de CRISPR Cas Nucleases, por exemplo, nucleases que têm a capacidade de cortar uma cadeia de ADN e não provocar uma cadeia dupla, como no sistema de tipo II utilizado no presente relatório. O sistema CRISPR também pode ser utilizado como um sistema de seleção de alvos múltiplos. Há ocasiões em que múltiplos alvos foram projectados com sucesso (Walsh & Hochedlinger, 2013). Uma possibilidade final para aumentar a especificidade e diminuir a clivagem fora do alvo é o isolamento de sistemas CRISPR-Cas alternativos com interações mais rigorosas entre gRNA, sequência alvo e PAM de outras estirpes de archaea ou bactérias (Walsh & Hochedlinger, 2013). O CRISPR e todas as outras ferramentas para a engenharia do genoma direcionada são uma ferramenta de investigação inestimável que pode ser utilizada em células e organismos e que, potencialmente, pode fornecer um caminho para aplicações revolucionárias em terapias humanas, biotecnologia agrícola e engenharia microbiana (Jinek, East, Cheng, Lin S, Ma , & Doudna, 2013).

Referências

Barrangou, R., Coute Movoisin, A.-C., Stahl, B., Chavichvily, I., Damange, F., Romero, D., et al. (2013). Impacto genômico da imunização CRISPR contra bacteriófagos. *Biochemical Society Transactions* (41), 1383-1391.

Boch, J., Sholze, H., Schornack, S., Landgraf, A., & Hahn, S. (2009). Quebrando o código de especificidade de ligação ao DNA de efetores TAL-tipo III. *Science* (326), 1509-12.

Camara, Y., Gonzalez-Vioque, E., Scarpelli, M., Torres-Torronteras, J., & Marti, R. (2013). Alimentando a via de resgate de desoxirribonucleosídeos para resgatar o DNA mitocondrial. *Drug Discovery Today , 18* (19/20), 950-957.

Carsetti, R. (2004). Characterization of B-Cell Maturation in the Peripheral Immune System (Caracterização da maturação das células B no sistema imunitário periférico). Em H. Gu, & K. Rajewsky, *B Cell Protocol* (Vol. 271, p. 25). Humana Press Inc.

Caskey, C., & Kruh, G. (1979). O locus HPRT. *Cell , 16*, 1-9.

Casola, S. (2004). Mutagénese Condicional de Genes em Células da Linhagem B. Em H. Gu, & K. Rajewsky, *B Cell Protocols* (Vol. 271, p. 91). Humana Press Inc.

Forster, I. (2004). Analysis of B-Cell Life-Span and Homeostasis (Análise do tempo de vida e da homeostase das células B). Em H. Gu, & K. Rajewsky, *B Cell Protocols* (Vol. 271, p. 59). Humana Press Inc.

Fenwick, R. (1985). O sistema HGPRT. *Molecular Cell Genetics , 1ª Ed*, 333-373.

Fu, Y., Foden, J., Khayter, C., Maeder, M., Reyon, D., Joung, K. J., et al. (2013). Mutagénese fora do alvo de alta frequência induzida por nucleases CRISPR-Cas em células humanas. *Nature Biotechnology , 31* (9), 822-827.

Galloway, T., Ray, K., & Malhotra, R. (2003). Regulation og B lymphocytes in health and disease Metting review (Regulação dos linfócitos B na saúde e na doença). *Molecular Immunology , 39*, 649-653.

Gemmis, P., Anesi, L., Lorenzetto, E., Gioachini, I., Fortunati, E., Zandona, G., et al. (2010). Análise do gene HPRT1 em 35 famílias italianas Lesch-Nyahn: 45 pacientes e 77 potenciais portadores do sexo feminino. *Mutation Research , 692*, 1-5.

Helgason, C., & Miller , C. (Eds.). (2012). *Basic Cell Cultur Protocols* (Third Edition ed., Vol. 290). Humana Press.

Helgason, C., & Miller, C. (Eds.). (2013). *Protocolos Básicos de Cultura Celular* (Quarta Edição ed., Vol. 946). Humana Press.

Hua , G., & Rajewsky, K. (Eds.). (2004). *B Cell Protocols* (Vol. 271). Humana Press.

Jacobs, L., & DeMars, R. (1984). Mutagénese química com fibroblastos humanos diplóides. *Handbook of*

Mutagenicity Test Procedures , *2nd Ed*, 321-356.

Jinek, M., Chylinski, K., Fonfara , I., Hauer, M., Doudna, J., & Charpentier, E. (2012). Uma endonuclease de DNA dupla guiada por RNA programável na imunidade bacteriana adaptativa. *Science* (337), 816-21.

Jinek, M., East, A., Cheng, A., Lin S, Ma , E., & Doudna, J. (2013). Edição do genoma programada por RNA em células humanas. *eLife* (2), e00471.

Nyhan, W. (2007). Doença de Lesch-Nyhan e Distúrbios Relacionados ao Metabolismo da Purina. *Jornal Médico Tzu Chi , 19* (3), 105-108.

O'Neill, J., Rogan, P., Cariello, N., & Nicklas, J. (1998). Mutações que alteram o splicing do RNA do gene HPRT humano: uma revisão do espetro. *Mutation Research , 411*, 179-214.

Parry, J., & Parry, E. (2012). *Ensaio de mutação do gene HPRT em células de mamíferos: Métodos de ensaio.* (G. E. Johnson, Ed.) Springer Science+Business Media.

Pennisi, E. (2013). The CRISPR Craze. *Science , 341*, 833-836.

Perez-Pinera, P., Ousterout, D., & Gersbach, C. (2012). Avanços na edição direcionada do genoma. *Opinião atual em Biologia Química* (16), 268-277.

Provasi, E., Genovese, P., Lombardo, A., Magnani, Z., Liu, P.-Q., Reik, A., et al. (2012). Edição da especificidade das células T para a leucemia por nucleases de dedo de zinco e transferência de genes lentivirais. *Nature Medicine , 18* (5), 807-815.

Ran, A., Hsu, P., Wright, J., Agarwala, V., Scott, D., & Zhang, F. (2013). Engenharia de genoma usando o sistema CRISPR-Cas9. *Nature Protocols , 8* (11), 2281-2308.

Ran, F., Hsu, P., Lin, C.-Y., Gootenberg, J., Konermann, S., Trevino, A., et al. (2013). Nicking duplo por CRISPR Cas9 guiado por RNA para maior especificidade de edição de genoma. *Cell , 154*, 1380-1289.

Reeks, J., Naismith, J., & White, M. (2013). Interferência CRISPR: uma perspetiva estrutural. *Biochem. J.* (453), 155-166.

Richter, H., Randau, L., & Plagens, A. (2013). Explorando CRISPR/Cas: Mecanismos de interferência e aplicações. *Int. J. Mol. Sci.* (14), 14518-14531.

Rolink, A. (2004). Desenvolvimento de Células B e Plasticidade de Células Pré-B-1 in Vitro. Em H. Gu, & K. Rajewsky, *B Cell Protocols* (Vol. 271, p. 271). Humana Press Inc.

Segal, D., & Meckler, J. (2003). Genome Engineering at the Dawn of the Goden Age (Engenharia de Genoma no Início da Era Goden). *Annu. Rev. Genomics Hum. Genet* (14), 135-58.

Takasu, Y., Kobayashi, I., Beumer, K., Uchino, K., Sezutsu, H., Sajwan, S., et al. (2010). Mutagénese direcionada no bicho-da-seda Bombyx mori utilizando a injeção de mRNA de nuclease de dedo de zinco. *Insect Biochemistry and Molecular Biology , 40*, 759-765.

Thilly, W., DeLuca, J., Furth, E., Hoppe , I., & Kaden, D. (1980). Ensaios de mutação gene-lócus em linhas diplóides de linfoblastos humanos. *Chemical Mutagens 6* , 331-364.

Torres, R., & Puig, J. (2007). Deficiência de hipoxantina-guanina fosforibosiltransferase (HPRT): Síndroma de Lesch-Nyhan. *Orphanet Journal of Rare Diseases* , *2* (1), 48.

Walsh, R., & Hochedlinger, K. (2013). Um sistema CRISPR-Cas9 variante adiciona versatilidade à engenharia do genoma. *PNAS* , *110* (39), 15514-15515.

Yamada, Y., Nomura, N., Yamada, K., & Wakamatsu, N. (2007). Análise molecular das deficiências de HPRT: Uma atualização do espetro de mutações asiáticas com novas mutações. *Molecular Genetics and Metabolism* , *90*, 70-76.

Youinou, P. (2007). A célula B conduz a orquestra de linfócitos. *Journal of Autoimmunity* , *28*, 143-151.

Apêndice

Cultura de linfócitos

Descongelamento de células

i. O meio é pré-aquecido num banho de água a 37° C.

ii. As células congeladas são colocadas num banho de água a **37ºC** durante cerca de 2 minutos ou até as células são descongeladas. submergir o criotubo em água desionizada, destilada e bidestilada estéril pré-aquecida (37° C, 1-2 min.) para descongelar rapidamente as células.

iii. Limpar sempre o frasco para injectáveis com EtOH a 70% antes de o abrir.

iv. Transferir o conteúdo do frasco para um tubo de 15 ml com meio de cultura fresco (RPMI 1640).

v. Centrifugar a 200 g durante 5 minutos à temperatura ambiente.

vi. O sobrenadante é rejeitado e as células são ressuspendidas com 5 ml de meio fresco.

vii. Preparar novos frascos com meio de cultura fresco. A cultura de células é transferida para um frasco de cultura de tecidos de 25 cm2 num total de 10 ml de meio (RPMI 1640 + 15% de soro bovino fetal) e as células são bem misturadas por pipetagem ou direção.

viii. Examinar o frasco ao microscópio.

ix. Incubar as células a 37° C, 5% CO2.

x. Para verificar a viabilidade da cultura, efetuar uma contagem de viabilidade com azul de Trypan nas células - diluições 1:5.

xi. Após 24 horas, mudar 50% do meio para diluir ainda mais o criopreservante original, DMSO. No dia 2-3 da cultura ou quando tiver sido atingida a densidade celular adequada, expandir as células B para um frasco de 75 cm2 em 20 ml de meio de cultura.

Cultivo das células

i. Colocar aproximadamente $2,5 \times 10^6$ células por frasco de cultura e fechar a tampa do frasco, mas não demasiado apertado. De preferência, num frasco ventilado.

ii. Incubar durante a noite a 37° C, 5% de CO2. As células devem ser incubadas em frascos de cultura de tecidos com tampa de filtro ventilada, orientados na posição vertical (frascos de pé sobre os fundos; não deitados na orientação típica quando utilizados para células de tipo ancoragem).

iii. Verificar diariamente os frascos para detetar alterações na cor do meio. O meio deve tornar-se ácido, com um pH de 6,5 a 6,8.

Cultura e passagem de células

i.   Retirar o frasco de células da incubadora.

ii.   Recolher as células num tubo de 15 ml.

iii.   Centrifugar a 200 g durante 5 minutos.

iv.   Aspirar o sobrenadante.

v.   Voltar a suspender em 5 ml de meio de cultura num tubo de 15 ml.

vi.   Adicionar 5 ml de meio de cultura celular a um novo frasco.

vii.   Colocar 2,5 ml do tubo de 15 ml no frasco e misturar bem.

viii. Incubar a 37° C, 5% CO_2.

ix.   Substituir por meio de cultura fresco a cada 2-3 dias.

Mudar o meio de cultura celular

i.   As culturas devem ser <u>alimentadas a cada 2 ou 3 dias</u>. Quando o meio começa a mudar de cor. Retirar 5 ml de meio e adicionar 5 ml de meio de crescimento fresco, deixando as células assentar no frasco e pipetando cuidadosamente o volume superior de meio.

ii.   Retirar os frascos de cultura da incubadora e colocá-los no exaustor de fluxo laminar.

iii.   Retirar 50% a 75% do meio atual do frasco. Substituir a quantidade retirada por meio à temperatura ambiente (RPMI 1640 + 15% de soro fetal de bovino).

iv.   Voltar a colocar o frasco na incubadora.

Contagem de células

i.   Transferir a suspensão de células para um tubo de 15 ml.

ii.   Transferir uma pequena quantidade (1 ml) de células para um eppendorf.

iii.   Preparar uma solução de azul de tripano com 1x PBS (diluição 1:10).

iv.   Misturar 10 µl de células com 40 µl de azul de tripano (o fator de diluição é 5) durante um minuto.

v.   Transferir 10 µl de suspensão de células em azul de tripan para o hemocitómetro.

vi.   Concentração (células/ml) = Contagem do número de células/ 5 (quadrados) * Fator de diluição * 10 Fator * 10^4 Número total de células = Concentração (células/ml) * Volume das amostras (ml)

Congelar células

i.   A fim de manter as células "jovens", é necessário um número reduzido de passagens para evitar a evolução para culturas oligoclonais e monoclonais. Expandir o mais rapidamente possível e criopreservar seis frascos de 1 ml com células. Uma semana mais tarde, retirar um dos frascos para um teste de recuperação e desempenho.

ii. Substituir o meio por meio fresco, 24 horas antes da congelação. As células devem estar saudáveis e no limite da confluência no momento da congelação.

iii. Contar as células e determinar a quantidade por frasco a congelar. Normalmente, um bom número de células por frasco deve situar-se entre 1 e 5 x 10^6 células).

iv. Centrifugar a 200 g durante 5 minutos.

v. Deitar fora o sobrenadante.

vi. Preparar uma quantidade adequada de criomedium (10% DMSO + 90% FBS) num tubo de 15 ml e misturar.

vii. Colocar uma alíquota de 1 ml no criotubo.

viii. Colocar o frasco num recipiente de congelação.

ix. Colocar o recipiente no congelador a -80 °C durante a noite para um arrefecimento lento.

x. Em seguida, colocá-lo na fase de vapor do azoto líquido para armazenamento a longo prazo.

Subcultura de células

i. Remover os meios de cultura existentes.

ii. Adicionar 10 ml de 0,025% - 0,25% de tripsina e deixar as células repousar durante 10 minutos à temperatura ambiente. Pode ser necessário bater com os frascos de cultura no balcão da campânula para remover quaisquer células "pegajosas" da superfície do frasco.

iii. Imediatamente após os dez minutos - adicionar RPMI 1640 + 20% FBS para inativar a tripsina.

iv. Efetuar uma contagem de viabilidade em azul de tripan - diluição 1:5.

v. Adicionar 2,5 x 10^6 células por frasco de cultura e fechar a tampa do frasco.

vi. Colocar os frascos de cultura de novo na incubadora, verificar diariamente se há mudanças de meio.

Determinar a curva de morte para TG na linha celular de interesse

Para realizar uma experiência de curva de morte de 6-tioguanina; aproximadamente 10.000 células devem ser colocadas numa placa de 6 poços e crescer na presença de concentrações crescentes de tioguanina durante cerca de 7 a 10 dias. Tipicamente, a concentração que matará todas as células, exceto as mutantes resistentes à TG pré-existentes, situa-se entre 1 - 10 μg/ml (6 - 60 μM), tanto em suspensão como em células fixas (Jacobs & DeMars, 1984).

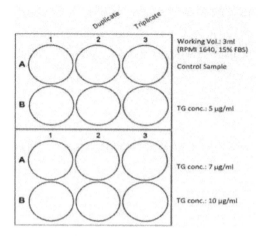

Figura 35: Diferentes concentrações de TG foram testadas em triplicado utilizando placas de 6 poços. Foram utilizados 30 mM, 41 mM e 60 mM de TG.

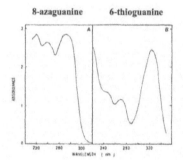

Figura 36: Diferentes concentrações de TG foram testadas em triplicado utilizando placas de 6 poços. Foram utilizados 30 mM, 41 mM e 60 mM de TG.

As reservas de tioguanina são armazenadas a -20° C ou -80° C e são diluídas por filtração no meio imediatamente antes da sua utilização. Não se recomenda a armazenagem de stocks diluídos de TG durante longos períodos de tempo. No entanto, é fácil testar a qualidade da tioguanina com a utilização de um espetrofotómetro a 220-340 nm. Uma amostra de boa qualidade deve ter um rácio de 320:260 superior a 2,5 (Fenwick, 1985). Recomenda-se a substituição do meio por uma solução de tioguanina fresca a cada 5-7 dias (Thilly, DeLuca, Furth, Hoppe, & Kaden, 1980). As reservas de tioguanina são preparadas dissolvendo 6-tioguanina em pó (Sigma Aldrich) com uma quantidade adequada de água estéril. Se necessário, diluir previamente com uma pequena quantidade de NaOH 0,1 N fresco. A solução é filtrada através de um filtro de 0,22 μm e armazenada a -20° C.

Preparação do meio HAT

O HAT é um meio de seleção para células *HPRT*(+). É constituído por hipoxantina, **aminopterina** e

46

timidina.

Normalmente, <u>1X "HAT"</u> refere-se a 100µM de hipoxantina (H), 1µM de aminopterina (A) e 20µM de timidina (T).

O meio HAT pode ser encontrado comercialmente em concentrações de 100X ou 50X na LifeTechnologies ou na SigmaAlrdich. No entanto, se forem necessárias quantidades maiores de 100X HAT, pode preparar-se uma reserva de 100X de hipoxantina, incluindo timidina, e uma reserva de 100X de aminopterina.

- <u>100X Hypoxanthine-Thymidine (HT) stock (100ml):</u>

Hipoxantina: 136 mg /100 ml

Timidina: 48,4 mg /100 ml

A hipoxantina é dissolvida por agitação em 98 ml de água desionizada a 45°C durante aproximadamente 1 hora. Arrefecer e adicionar timidina. Agitar para dissolver. Ajustar o volume para 100 ml e passar a mistura por um filtro estéril. Armazenar alíquotas de 1 ml a -80°C.

- <u>100X Aminopterina (A) em stock (100 ml):</u>

Aminopterina: 4,4 mg /100ml

A aminopterina é dissolvida em alguns ml de NaOH 0,1N estéril. Diluir até 98 ml com água desionizada. Ajustar o pH a 7,0 com HCl e o volume final é sempre ajustado a 100 ml com água desionizada. Passar a mistura por um filtro estéril e armazenar em alíquotas de 1 ml a -80°C, proteger da luz.

<u>Chapéu médio:</u>

O meio pode ser rotulado como "+HAT" quando se adicionam 2 volumes de meio 50X HAT a cada 100 volumes do meio da sua escolha.